U0291342

建筑师安全设计手册

主　编　张一莉
副主编　陈邦贤　李泽武

中国建筑工业出版社

图书在版编目（CIP）数据

建筑师安全设计手册/张一莉主编．—北京：中国建筑工业出版社，2017.9

ISBN 978-7-112-21253-8

Ⅰ.①建…　Ⅱ.①张…　Ⅲ.①建筑工程-安全生产-手册　Ⅳ.①TU714-62

中国版本图书馆 CIP 数据核字（2017）第 230011 号

责任编辑：费海玲　张幼平
责任校对：李美娜　张　颖

建筑师安全设计手册
主　编　张一莉
副主编　陈邦贤　李泽武
*
中国建筑工业出版社出版、发行（北京海淀三里河路 9 号）
各地新华书店、建筑书店经销
北京红光制版公司制版
河北鹏润印刷有限公司印刷
*
开本：787×960 毫米　1/32　印张：13¼　字数：240 千字
2018 年 3 月第一版　　2018 年 3 月第一次印刷
定价：**58.00** 元
ISBN 978-7-112-21253-8
（30898）
版权所有　翻印必究
如有印装质量问题，可寄本社退换
（邮政编码　100037）

《建筑师安全设计手册》编委会

专家委员会主任：陶　郅　陈　雄

审定：陈　雄

主审：陶　郅　陈　雄　何　昉

（全国勘察设计大师）

安全设计总编审：高尔剑

科学技术总编审：孙　楠

编 委 会 主 任：高　泉　艾志刚

编委会执行主任：陈邦贤

编 委 会 副 主 任：张一莉

主　编：张一莉

副主编：陈邦贤　李泽武

审　核：江　刚　杨适伟　吴树甜　陈邦贤

张一莉　李晓光　黄　佳　徐达明

指 导 单 位：深圳市住房和建设局

技术支持单位：深圳市科学技术协会

主 编 单 位：

深圳市注册建筑师协会

特邀参编审核单位：

1. 广东省建筑设计研究院
2. 华南理工大学建筑设计研究院
3. 广州市设计院
4. 北京林业大学何昉大师工作室

参编单位：

1. 深圳市建筑设计研究总院有限公司
2. 深圳华森建筑与工程设计顾问有限公司
3. 香港华艺设计顾问（深圳）有限公司
4. 深圳市清华苑建筑与规划设计研究有限公司
5. 深圳机械院建筑设计有限公司
6. 北京市建筑设计研究院深圳院
7. 深圳国研建筑科技有限公司

《建筑师安全设计手册》编委

章节	内容	编委及参编单位
1	城市综合防灾和减灾	黄晓东　深圳市建筑设计研究总院有限公司
2	场地	黄晓东　深圳市建筑设计研究总院有限公司
3	建筑防火、防爆、防腐蚀设计与防氡处理	陈邦贤　深圳市建筑设计研究总院有限公司 李泽武　深圳国研建筑科技有限公司
4	建筑部件构件构造安全设计	夏韬　白威　徐丹　深圳华森建筑与工程设计顾问有限公司
5	建筑防水	李朝晖　深圳机械院建筑设计有限公司 李泽武　深圳国研建筑科技有限公司
6	门窗、幕墙安全设计	李泽武　深圳国研建筑科技有限公司

续表

章节	内容	编委及参编单位
7	建筑结构安全设计	夏韬　白威　徐丹　深圳华森建筑与工程设计顾问有限公司
8	建筑设备安全设计	夏韬　白威　徐丹　深圳华森建筑与工程设计顾问有限公司
9	海绵城市及低冲击开发雨水系统	千茜　高若飞
10	景观安全设计	叶枫　夏媛　黄晓东
11	办公建筑安全设计	黄惠菁　吴树甜　广州市设计院
12	医疗建筑安全设计	侯军　王丽娟　甘雪森　深圳市建筑设计研究总院有限公司
13	托儿所、幼儿园建筑安全设计	马越
14	中小学校安全设计	孙立平
15	高等院校建筑安全设计	宋向阳　赵勇伟
16	住宅建筑安全设计	陈雄　黄雪燕　广东省建筑设计研究院
17	酒店建筑安全设计	黄晓东　深圳市建筑设计研究总院有限公司
18	民用机场旅客航站楼建筑安全设计	陈雄　李琦真　广东省建筑设计研究院

续表

章节	内容	编委及参编单位
19	商业建筑安全设计	林毅　鲁艺　香港华艺设计顾问（深圳）有限公司
20	博物馆建筑安全设计	陶郅　陈向荣　华南理工大学建筑设计研究院
21	图书馆建筑安全设计	陶郅　陈向荣　华南理工大学建筑设计研究院
22	体育场馆建筑安全设计	冯春　林镇海　深圳市建筑设计研究总院有限公司
23	剧院与多厅影院建筑安全设计	黄河　北京市建筑设计研究院深圳院
24	长途汽车站建筑安全设计	林彬海　深圳市清华苑建筑与规划设计研究有限公司
25	车库建筑安全设计	涂宇红　深圳市建筑设计研究总院有限公司
26	地铁安全设计	罗若铭　广东省建筑设计研究院
27	动物园安全设计	夏媛　叶枫

目　　录

1 城市综合防灾和减灾

1.1 城市综合防灾和减灾的基本原则

城市综合防灾和减灾的基本原则　　表 1.1

类别	技术要求	
基本准则	城市建设用地	应避开自然灾害易发地段，不能避开的必须采取特殊防护措施
	城市规划	应避免产生人为的易灾区
		宜采用有利于防灾的组团式用地结构布置形式，以实现较好的系统防灾环境
	防灾分区	结合城市行政区划和组团布局划分，每个防灾分区由若干防灾单元构成
		防灾单元宜以街道、防灾绿地、高压走廊和水体、山体等自然界限分界，并考虑高速公路、铁路和城市主干道等的分隔作用以及事权分级管理的要求
	防灾疏散道路系统	由救灾主干道、防灾疏散主通道和其他防灾疏散通道组成
		每个防灾分区在各个方向至少保证两条防灾疏散通道
		每个防灾单元至少保证两条不同方向的防灾疏散通道

续表

<table>
<tr><th>类别</th><th colspan="2">技术要求</th></tr>
<tr><td rowspan="4">基本准则</td><td>应急避难场所</td><td>每个防灾分区和防灾单元应设置满足人员避难需求的应急避难场所</td></tr>
<tr><td>应急设施</td><td>每个防灾分区应设立应急指挥中心、急救、抢险、通信及消防专业队伍和设施</td></tr>
<tr><td rowspan="2">城市生命线工程</td><td>每个防灾单元应设置应急医疗卫生、应急供水储水和应急物质保障等设施</td></tr>
<tr><td>包括交通、通信、供电、供水、供油、医疗、卫生及消防等主要系统，应充分满足城市防灾和减灾的需要</td></tr>
</table>

1.2 城市应急避难场所

城市应急避难场所 **表 1.2**

<table>
<tr><th>类别</th><th colspan="2">技术要求</th></tr>
<tr><td>原则</td><td colspan="2">以人为本、保障安全、统一规划、资源整合、平灾结合、多灾兼顾、远近结合、建管并重</td></tr>
<tr><td rowspan="4">分类</td><td rowspan="4">室外避难场所</td><td>分为紧急避难场所、固定避难场所、中心避难场所三个等级</td></tr>
<tr><td>利用公园、绿地、体育场、广场、学校操场、停车场和室外空地</td></tr>
<tr><td>选址应避让地震断裂带、水库泄洪区、地质灾害隐患点、高压走廊及危险品仓储区</td></tr>
<tr><td>紧急避难场所避难人员人均有效避难面积宜≥1m²/人；固定避难场所宜≥2m²/人</td></tr>
</table>

续表

<table>
<tr><th>类别</th><th colspan="2">技术要求</th></tr>
<tr><td rowspan="10">分类</td><td rowspan="4">室外避难场所</td><td>固定避难场所应配置供水、供电、厕所、住宿、消防、排污、垃圾储运、医疗救护、物资储备、洗浴、指挥管理和信息发布等设施</td></tr>
<tr><td>除固定避难场所设施外，中心避难场所还应配置应急停车场、停机坪和救援部队驻扎营地</td></tr>
<tr><td>人员进出口与车辆进出口应分开设置，最少应有方向不同的不少于两条疏散道路通往外界，其中固定避难场所、中心避难场所至少应有两个进口与两个出口</td></tr>
<tr><td>应进行无障碍设计</td></tr>
<tr><td rowspan="6">室内避难场所</td><td>适用于气象灾害、地质灾害、核设施事故及其他需要室内避难场所的突发事件</td></tr>
<tr><td>主要利用体育馆、学校、社区（街道）中心、福利设施和条件较好的人防工程</td></tr>
<tr><td>选址应避让地质灾害区、内涝区域，远离各类危险源</td></tr>
<tr><td>服务半径宜≤2km，人均建筑面积宜≥$3m^2$</td></tr>
<tr><td>应配备供水、照明设施、厕所，储备一定的食品等生活必需品。必要时配备气象观测、应急信息发布、医疗急救、救灾、灶具设施</td></tr>
<tr><td>应设置救生通道等指示标识系统</td></tr>
</table>

注：参考《深圳市城市规划标准与准则》。

1.3 城市防震减灾

城市防震减灾 **表 1.3**

类别	技术要求
城市防震减灾	新建、扩建、改建建设工程，应达到抗震设防要求
	供水、供电及燃气等重要工程应多源供应
	重大（重点）建设工程、生命线工程、可能发生严重次生灾害的建设工程、使用功能不能中断或需尽快恢复的建设工程、超限高层、大型公共建筑工程，应进行地震安全性评价
	合理确定应急疏散通道和应急避难场所
地质灾害防治	坚持预防为主、避让与治理相结合的原则
	应避开活动断层、地质灾害危险区；尽量避开地质危害高易发区
	编制地质灾害易发区内的各级规划，进行工程建设应进行地质灾害危险性评估。根据需要配套地质危害治理工程
	尽量避免和减少崩塌、滑坡、泥石流等斜坡类地质灾害对规划区或建设工程产生威胁
	规划选址应尽量避让岩溶发育带。在岩溶塌陷地质灾害易发区应严格实施对地下水开发利用的管理
	保护和合理利用地下水

续表

类别	技术要求
城市防洪防潮	全面规划、综合治理、合理利用和蓄泄结合
	河道规划满足城市防洪的要求，应采用生态堤岸。设计水位应依据规划设计标准的洪（潮）水面线确定
	防潮海堤结合城市规划、防潮标准、岸线利用和生态保护综合确定
重大危险设施灾害防治	应设置在相对独立的安全区域，地形地貌、工程地质条件满足建设要求，与周边工程设施的安全和卫生防护间距符合国家规范要求
	大型油气、民用爆破器材及其他危险品仓储区相对集中布局，远离城市建成区，宜利用山体屏障
	应单独划分防灾单元，周边设置空间分割带、消防供水、支援场地、救援疏散通道及安置场地

1.4　城市消防和人民防空

城市消防和人民防空　　表 1.4

<table>
<tr><th>类别</th><th colspan="5">技术要求</th></tr>
<tr><td rowspan="3">城市消防</td><td rowspan="3">城市消防站</td><td rowspan="3">陆上消防站</td><td rowspan="3">普通消防站</td><td colspan="2">辖区≤7km²，5min 内到达辖区边缘</td></tr>
<tr><td>一级普通消防站</td><td>临街面宽度宜≥60m</td></tr>
<tr><td>二级普通消防站</td><td>临街面宽度宜≥45m</td></tr>
</table>

续表

<table>
<tr><th>类别</th><th colspan="4">技术要求</th></tr>
<tr><td rowspan="10">城市消防</td><td rowspan="7">城市消防站</td><td rowspan="5">陆上消防站</td><td rowspan="2">特勤消防站</td><td>兼辖区消防任务，辖区同一级普通消防站</td></tr>
<tr><td>临街面宽度宜≥70m</td></tr>
<tr><td colspan="2">设置在辖区内交通方便的适中位置、利于迅速出动的临界地段</td></tr>
<tr><td colspan="2">主体建筑距离学校、医院、幼儿园、影剧院和商场等人员密集的公共建筑及场所的主要疏散口≥50m</td></tr>
<tr><td colspan="2">消防站车库应朝向城市道路，至城市规划道路红线的距离宜≥15m</td></tr>
<tr><td colspan="3">水上（海上）消防站</td></tr>
<tr><td colspan="3">航空消防站</td></tr>
<tr><td rowspan="2">消防给水</td><td colspan="3">城市消防给水与城市给水合用一套系统，以城市给水为主，以人工水体和自然水体为辅的多种水源互补的消防给水机制</td></tr>
<tr><td colspan="3">市政消火栓宜靠近十字路口设置，间距≤120m</td></tr>
<tr><td>消防车道</td><td colspan="3">依托城市道路网络系统，消防车道具体要求应满足相关规范的规定</td></tr>
<tr><td rowspan="2">城市人民防空</td><td colspan="4">长期准备、重点建设、平战结合、防空防灾防恐一体化</td></tr>
<tr><td colspan="4">防空地下室的位置、规模、战时及平时的用途根据规划综合考虑，统筹安排</td></tr>
</table>

2 场地

2.1 基地防灾与安全防护

基地防灾和安全防护安全设计　表 2.1

类别	分项	技术
基地防灾	基地选择	应避开自然灾害易发地段，不能避开的必须采取特殊防护措施
	建筑防灾标准	应根据其所在位置考虑防灾措施，应与所在城市的防震、防洪、防海潮、防风、防崩塌、防泥石流、防滑坡等标准相适应
	场地防洪、防潮	设计标高应不低于城市设计防洪、防涝标高。沿海或受洪水泛滥威胁地区，场地设计标高应高于设计洪水位标高 0.5～1.0m，否则需设相应的防洪措施
		场地设计标高应高于周边道路设计标高，且应比周边道路的最低路段高程高出 0.2m 以上
安全防护	地下水	保护和合理利用，增加渗水地面面积，促进地下水补、径、排达到平衡
	山地建筑	应视山坡态势、坡度、土质、稳定性等因素，采取护坡、挡土墙等防护措施，同时按当地洪水量确定截洪排洪措施

续表

类别	分项	技术
安全防护	挡土墙	结构挡土墙设计高度＞5m 时，应进行专项设计
		建筑物靠山坡布置或场地高差较大时，顶部应设截洪沟，护坡或挡土墙底应设排水沟
		高度＞2m 的挡土墙或护坡的上缘与住宅水平距离不应＜3m，其下缘与住宅间的水平距离应＞2m

2.2 总平面布局

总平面布局安全设计 **表 2.2**

类别	分项	技术
平面布局	城市高压走廊	城市高压走廊安全隔离带、建筑物与高压走廊的安全距离详见 2.4
	防火与防爆	防火与防爆间距详见建筑防火设计相关章节
	污染源	远离污染源。项目内的设备及供应用房宜设置于地块常年主导风向的下风侧
地下室外墙面	安全距离	距用地红线距离宜≥0.7 倍地下建筑物深度，一般≥5m；特殊情况≥3m

2.3 边坡支护

边坡支护设计 **表 2.3**

<table>
<tr><th>类别</th><th colspan="4">技术要求</th></tr>
<tr><td rowspan="2">设计原则</td><td colspan="4">安全可靠、绿色环保、经济合理</td></tr>
<tr><td colspan="4">自然与人工边坡相结合</td></tr>
<tr><td rowspan="4">设计标准</td><td colspan="4">1. 满足支护结构强度及边坡稳定性要求</td></tr>
<tr><td colspan="4">2. 做到挖填平衡、施工便捷合理、维护简单、工期适当、减少投资</td></tr>
<tr><td colspan="4">3. 应考虑对周围环境及建筑的影响</td></tr>
<tr><td colspan="4">4. 根据边坡类型、边坡高度设定安全等级</td></tr>
<tr><td rowspan="10">防护设计</td><td colspan="4">1. 保留自然边坡或放缓边坡（人工削坡）</td></tr>
<tr><td rowspan="2">2. 边坡加固</td><td colspan="3">A. 浅层加固：普通锚杆、格构梁、护脚挡墙</td></tr>
<tr><td colspan="3">B. 中、深层加固：抗滑桩、预应力锚杆</td></tr>
<tr><td rowspan="7">3. 边坡防护</td><td rowspan="3">A. 植被防护</td><td>缓坡面（30°～35°）</td><td>直接种植低矮树木，撒播草种，铺设草皮</td></tr>
<tr><td>一般坡面（35°～55°）</td><td>三维植物网、喷播草种、种灌木</td></tr>
<tr><td>较陡坡面（55°～75°）</td><td>客土挂网喷播、种植灌木及攀爬植物等</td></tr>
<tr><td rowspan="4">B. 工程防护</td><td>陡峭坡面（>75°）</td><td>种植槽种植灌木、攀爬植物等</td></tr>
<tr><td colspan="2">砌体或混凝土格构梁</td></tr>
<tr><td colspan="2">喷射混凝土护面</td></tr>
<tr><td colspan="2">结合植物防护措施一起采用</td></tr>
</table>

续表

类别	技术要求	
防护设计	4. 边坡截排水系统	A. 坡顶截水沟
		B. 坡面激流槽
		C. 坡底排洪沟
边坡治理措施（岩质边坡）	1. 边坡较缓	采用格构梁+格构梁内种草模式
	2. 边坡较陡	采用锚杆格梁+格梁内种草或攀爬植物模式
	3. 垂直边坡	采用钢筋混凝土挡土墙+种植攀爬植物模式

2.4 城市高压走廊

市区35～1000kV高压架空电力线路规划走廊宽度　　表2.4-1

线路电压等级（kV）	高压线走廊宽度（m）	线路电压等级（kV）	高压线走廊宽度（m）
直流±800	80～90	330	35～75
直流±500	55～70	220	30～40
1000（750）	90～110	66，110	15～25
500	60～75	35	15～20

注：本表来源于《城市电力规划规范》GB/T 50293—2014。

66kV 及以下、110～750kV、100kV 高压架空电力线路导线与建筑物距离 **表 2.4-2**

类别	导线与建筑物的最小距离（m）									
	66kV 及以下			110～750kV						1000kV
线路电压 标称电压	3kV 以下	3～ 10kV	35kV	66kV	110kV	220kV	330kV	500kV	750kV	
垂直距离	3.0	3.0	4.0	5.0	5.0	6.0	7.0	9.0	11.5	15.5
有风偏净空距离	1.0	1.5	3.0	4.0	4.0	5.0	6.0	8.5	11.0	15
无风偏水平距离	0.5	0.75	1.5	2.0	2.0	2.5	3.0	5.0	6.0	7

注：1. 本表来源于《66kV 及以下架空电力线路设计规范》GB 50061—2010、《110kV～750kV 架空输电线路设计规范》GB 50545—2014、《1000kV 架空输电线路设计规范》GB 50665—2014。
2. 垂直距离为在最大计算弧垂情况下，导线与建筑物的最小垂直距离。
3. 在最大计算风偏情况下，以边导线与建筑物之间的最小净空距离控制。
4. 在无风情况下，以导线与建筑物之间的水平距离控制。

2.5 场地出入口

场地出入口安全设计 **表 2.5**

<table>
<tr><th colspan="2">类别</th><th colspan="3">技术要求</th><th>规范依据</th></tr>
<tr><td colspan="2" rowspan="3">与城市道路连接的道路宽度</td><td colspan="2">当基地内建筑面积≤3000m^{2}时</td><td>≥4m</td><td rowspan="3">安全疏散及使用要求</td></tr>
<tr><td rowspan="2">当基地内建筑面积>3000m^2</td><td>只有一条基地道路与城市道路相连接时</td><td>≥7m</td></tr>
<tr><td>有两条道路与城市相连接时</td><td>≥4m</td></tr>
<tr><td rowspan="5">机动车出入口</td><td rowspan="5">一般规定</td><td colspan="2">自道路红线交叉点量起，与大中城市主干道交叉口的距离</td><td>≥70m</td><td rowspan="5">安全使用及安全防护</td></tr>
<tr><td colspan="2">与人行横道、人行天桥、人行地道（包括引道、引桥）的最近边缘线距离</td><td>≥5m</td></tr>
<tr><td colspan="2">距地铁出入口、公共交通站台边缘</td><td>≥15m</td></tr>
<tr><td colspan="2">距公园、学校、儿童及残疾人使用建筑的出入口</td><td>≥20m</td></tr>
<tr><td colspan="2">基地道路坡度>8%时，应设缓冲段与城市道路相连接</td><td></td></tr>
</table>

续表

<table>
<tr><th colspan="2">类别</th><th colspan="2">技术要求</th><th>规范依据</th></tr>
<tr><td rowspan="3">机动车出入口</td><td rowspan="3">居住区</td><td colspan="2">主要道路至少应有两个出入口，至少两个方向与外围道路相连</td><td rowspan="3">安全疏散及使用要求</td></tr>
<tr><td>对外出入口间距</td><td>≥150m</td></tr>
<tr><td>与城市道路相接时，平面交角</td><td>≥75°</td></tr>
<tr><td colspan="2" rowspan="5">大型、特大型文娱、商业、体育、交通等人员密集建筑的基地</td><td colspan="2">与城市道路邻接的总长度不应小于建筑基地周长的1/6</td><td rowspan="5">安全疏散及使用要求</td></tr>
<tr><td colspan="2">至少有两个通向不同方向城市道路的出口（包括连接道路）</td></tr>
<tr><td colspan="2">基地或建筑物主要出入口，不得直接连接城市快速道路，也不应直对城市主道交叉口</td></tr>
<tr><td colspan="2">建筑物主要出入口前应设人员集散场地，面积和长宽尺寸应根据使用性质和人数确定</td></tr>
<tr><td colspan="2">绿化和停车场布置不应影响人员集散场地的使用，且不宜设置围墙、大门等障碍物</td></tr>
<tr><td colspan="2" rowspan="2">中小学校</td><td colspan="2">不应直接与城市主干道连接</td><td rowspan="2">安全防护</td></tr>
<tr><td colspan="2">校园主要出入口应设置缓冲场地</td></tr>
<tr><td colspan="2">幼儿园</td><td colspan="2">宜与居住区配套，出入口不应开向城市交通干道，大门外设缓冲场地</td><td>安全防护</td></tr>
</table>

续表

类别	技术要求	规范依据
综合医院	宜面临两条城市道路，出入口远离城市道路交叉口，基地留出足够的机动车停车用地	安全应急
体育建筑	需留有集散场地，不得＜0.2m^2/100人，出入口不少于两处	安全疏散

注：本表主要根据《民用建筑设计通则》GB 50352—2005的规定编制。

2.6 道路与建筑物安全距离

道路边缘与建筑物最小距离（m）　表2.6

道路与建、构筑物关系			道路级别（路面宽度）		
			＜6m	6～9m	＞9m
建筑物面向道路	无出入口	高层	2.0	3.0	5.0
		多层	2.0	3.0	3.0
	有出入口		2.5	5.0	—
道路平行于建筑物山墙	高层		1.5	2.0	4.0
	多层		1.5	2.0	2.0

注：1. 当道路设有人行道时，道路边缘指人行道边线。
2. 表中“—”表示建筑不应向路面宽度大于9m的道路开设出入口。

2.7 活动场地

活动场地安全设计 **表 2.7**

类别	位置及特点	设计要求
室外场地	台阶式用地相邻台地之间高差大于1.5m	应设防护警示设施
	土质护坡的坡比值>0.5	
	场地地坪高差>0.9m	
	公共场所高差>0.4m的台地边	
	人员密集场所台阶高度>0.7m且侧面临空	
	桥面、栈道边缘悬空部位	
	高差不足设置2级台阶	应按坡道设置
	居住区内用地坡度大于8%时	辅以梯步解决竖向交通，并宜辅以自行车坡道
	所有路面和硬铺地面设计	应采用粗糙防滑材料，或作防滑处理
儿童游戏	幼儿安全疏散与经常出入的通道有高差时	宜设防滑坡道，坡度≤1∶12
老年人活动	出入口处的回旋面积	1.50m×1.50m
	室内外高差≤0.4m	应设置缓坡
	活动场地坡度	≤3%

附表　深圳市高压走廊宽度控制指标

电压等级	单、双回（m）	同塔四回（m）	边导线防护距离（m）
500（400）kV	70	75	20
220kV	45	45～60	15
110（132）kV	30	30～50	10

注：本表来源于《深圳市城市规划标准与准则》。

3 建筑防火、防爆、防腐蚀设计及防氢处理

3.1 建筑防火

3.1.1 建筑防火分类

3.1.1.1 民用建筑防火分类

民用建筑防火分类　　表 3.1.1.1

名称	高层民用建筑		单、多层民用建筑
	一类	二类	
住宅建筑	建筑高度＞54m 的住宅建筑（包括设置商业服务网点的住宅建筑）	建筑高度＞27m，但≤54m 的住宅建筑（包括设置商业服务网点的住宅建筑）	建筑高度≤27m 的住宅建筑（包括设置商业服务网点的住宅建筑）
公共建筑	1. 建筑高度＞50m 的公共建筑； 2. 建筑高度 24m 以上部分任一楼层建筑面积＞1000m² 的商店、展览、电信、邮政、财贸金融建筑和其他多种功能组合的建筑； 3. 医疗建筑、重要公共建筑； 4. 省级及以上的广播电视和防灾指挥调度建筑、网局级和省级电力调度建筑； 5. 藏书超过 100 万册的图书馆、书库	除一类高层公共建筑外的其他高层公共建筑	1. 建筑高度＞24m 的单层公共建筑； 2. 建筑高度≤24m 的其他公共建筑

3.1.1.2 厂房、仓库的火灾危险性分类

厂房、仓库的火灾危险性分类　　表 3.1.1.2

项目		分类
厂房	按生产的火灾危险性分类	甲、乙、丙、丁、戊（共5类）
	同一厂房或厂房的任一防火分区有不同火灾危险性生产时，火灾危险性类别的确定方法	1. 应按火灾危险性较大的部分确定 2. 符合下列条件时，可按危险性较小的部分确定： （1）火灾危险性较大部分面积所占比例＜5％； （2）丁、戊类厂房内的油漆工段面积所占比例＜10％； （3）丁、戊类厂房内的油漆工段，当采用封闭喷漆工艺，封闭喷漆空间内保持负压，设置了可燃气体探测报警系统或自动抑爆系统，且油漆工段面积所占比例≤20％
仓库	按储存物品的火灾危险性分类	甲、乙、丙、丁、戊（共5类）
	同一仓库或仓库任一防火分区内储存不同火灾危险性物品时，其火灾危险性类别的确定方法	1. 应按火灾危险性最大的物品确定 2. 丁、戊类储存物品仓库：当可燃包装重量＞物品本身重量的1/4，或可燃包装体积＞物品本身体积的1/2时，应按丙类确定

3.1.2 建筑耐火等级

3.1.2.1 民用建筑的耐火等级

民用建筑的耐火等级　　表 3.1.2.1

适用建筑	耐火等级
地下、半地下建筑（室）、一类高层建筑、医院、特级体育建筑、藏书大于100万册的高层图书馆及书库、其他图书馆的特藏书库、特级和甲级档案馆、高层博物馆、总建筑面积大于10000m²的单层多层博物馆、重要博物馆	一级
单层多层重要公共建筑、二类高层建筑、步行街两侧建筑、甲乙丙等剧场、展览建筑、乙级档案馆、中小型博物馆、甲乙丙级体育建筑、急救中心、除藏书大于100万册的高层图书馆及书库外的图书馆和书库	不低于二级

注：1. 民用建筑的耐火等级应按其建筑高度、使用功能、重要性和火灾扑救难度等确定。
2. 民用建筑的耐火等级分为一、二、三、四级。

3.1.2.2 厂房和仓库的耐火等级

厂房和仓库的耐火等级　表 3.1.2.2

类　别	耐火等级
使用或储存特殊、贵重的机器、仪表、仪器等设备或物品的建筑，高层厂房，甲、乙类厂房，使用或产生丙类液体的厂房以及有火花、明火、赤热表面的丁类厂房，油浸变压器室、高压配电装置室，锅炉房	不低于二级

续表

类　别	耐火等级
单、多层丙类厂房，多层丁、戊类厂房，单层乙类仓库，单层丙类仓库，储存可燃固体的多层丙类仓库和多层丁、戊类仓库，粮食平房仓	不低于三级
建筑面积≤300m^2 的独立甲、乙类单层厂房，建筑面积≤500m^2 的单层丙类厂房或建筑面积≤1000m^2 的单层丁类厂房，燃煤锅炉房且锅炉的总蒸发量≤4t/h 时	不低于三级

注：厂房和仓库的耐火等级可分为一、二、三、四级。

3.1.3　民用建筑的防火分区

民用建筑的防火分区面积　　表 3.1.3

<table>
<tr><th>建筑类别</th><th>耐火等级</th><th colspan="2">每个防火分区的最大允许建筑面积（设置自动灭火系统时最大允许建筑面积）(m^2)</th></tr>
<tr><td>单层、多层建筑</td><td>一、二级</td><td colspan="2">≤2500（5000）</td></tr>
<tr><td>高层建筑</td><td>一、二级</td><td colspan="2">≤1500（3000）</td></tr>
<tr><td rowspan="2">高层建筑的裙房</td><td rowspan="2">一、二级</td><td>与高层建筑主体分离并用防火墙隔断</td><td>2500（5000）</td></tr>
<tr><td>与高层建筑主体上下叠加</td><td>1500（3000）</td></tr>
</table>

续表

<table>
<tr><th>建筑类别</th><th>耐火等级</th><th colspan="3">每个防火分区的最大允许建筑面积（设置自动灭火系统时最大允许建筑面积）(m^2)</th></tr>
<tr><td rowspan="4">营业厅、展览厅（设自动灭火系统，自动报警系统采用不燃难燃材料）</td><td>一级</td><td colspan="2">设在地下、半地下</td><td>(2000)</td></tr>
<tr><td rowspan="3">一、二级</td><td colspan="2">设在单层建筑内或仅设在多层建筑首层</td><td>(10000)</td></tr>
<tr><td colspan="2">设在高层建筑内</td><td>(4000)</td></tr>
<tr><td colspan="3">营业厅内设置餐饮时，餐饮部分按其他功能进行防火分区，与营业厅间设防火分隔</td></tr>
<tr><td rowspan="2">总建筑面积 $>20000m^2$ 的地下、半地下商店（含营业、储存及其他配套服务面积）</td><td rowspan="2">一级</td><td colspan="3">应采用防火墙（无门、窗、洞口）及耐火极限≥2h 的楼板，分隔为多个建筑面积≤$20000m^2$ 的区域</td></tr>
<tr><td colspan="3">相邻区域局部连通时，应采取下沉式广场、防火隔间、避难走道、防烟楼梯间等措施进行连通</td></tr>
<tr><td rowspan="4">剧场、电影院、礼堂建筑内的会议厅、多功能厅等</td><td rowspan="2">一、二级</td><td>设在单层、多层建筑内</td><td>≤2500
(5000)</td><td rowspan="2">观众厅布置在四层及以上楼层时，每个观众厅面积≤400（400）</td></tr>
<tr><td>设在高层建筑内</td><td>≤1500
(3000)</td></tr>
<tr><td rowspan="2">一级</td><td>设在地下或半地下室内</td><td colspan="2">≤500
(1000)</td></tr>
<tr><td colspan="3">不应设在地下三层及以下楼层</td></tr>
</table>

续表

<table>
<tr><th>建筑类别</th><th>耐火等级</th><th colspan="3">每个防火分区的最大允许建筑面积（设置自动灭火系统时最大允许建筑面积）（m^2）</th></tr>
<tr><td rowspan="4">歌舞厅、录像厅、夜总会、卡拉OK厅、游艺厅、桑拿浴室、网吧等歌舞、娱乐放映游艺场所</td><td rowspan="2">一、二级</td><td>设在单层、多层建筑内</td><td>≤2500（5000）</td><td rowspan="2">设在四层及以上楼层时，一个厅、室的面积≤200（200）</td></tr>
<tr><td>设在高层建筑内</td><td>≤1500（3000）</td></tr>
<tr><td rowspan="2">一级</td><td>设在半地下、地下一层内</td><td>≤500（1000）</td><td>一个厅、室的面积≤200(200)</td></tr>
<tr><td colspan="3">不可设在地下二层及以下，设在地下室时室内地面与室外出入口地坪差 $\Delta H \leqslant 10m$</td></tr>
<tr><td>地下、半地下设备房</td><td>一级</td><td colspan="3">≤1000（2000）</td></tr>
<tr><td>地下、半地下室</td><td>一级</td><td colspan="3">≤500（1000）</td></tr>
</table>

3.2 建筑防爆

适用范围	建筑防爆：是指对有爆炸危险的厂房和仓库
设计要点	1. 有爆炸危险的甲、乙类厂房宜独立设置，并采用开敞半开敞式。其承重结构宜采用钢筋混凝土（或钢）框架，排架结构。 2. 有爆炸危险的甲、乙类生产部位，宜布置在单层厂房靠外墙的泄压设施或多层厂房顶层靠外墙的泄压设施附近。 3. 有爆炸危险的设备，宜避开厂房的梁、柱等主要承重构件布置。 4. 有爆炸危险的甲、乙类厂房的总控制室，应独立设置。 5. 有爆炸危险的甲、乙类厂房的分控制室，宜独立设置，与贴邻外墙设置时，应采用防火隔墙（≥3h）与其他部位分隔。 6. 有爆炸危险区域内的楼梯间、室外楼梯，有爆炸危险区域与相邻区域连通处，应设置门斗防护，门斗隔墙应为防火隔墙（≥2h），甲级防火门并与楼梯间的门错位

续表

防爆措施	1. 管沟下水道 a. 使用和生产甲乙丙类液体的厂房，其管、沟不应与相邻厂房的管、沟相通 b. 下水道应设置隔油设施 2. 防止液体流散——甲乙丙类液体仓库应设置该设施 3. 防止水浸渍——遇湿会发生燃烧爆炸的物品仓库 4. 不发火花地面（混凝土、水磨石、沥青、水泥石膏、砂浆） 5. 绝缘材料整体面层防静电 6. 内表面平整、光滑、易清扫 7. 厂房内不宜设地沟；若设地沟，其盖板应严密，且有防可燃气体、蒸汽和粉尘纤维在地沟集聚措施 8. 与相邻厂房连通处采用防火材料密封
泄压设施	1. 位置 a. 避开人员密集场所和主要交通道路 b. 靠近有爆炸危险的部位 2. 构造做法 a. 轻质屋面板（≤60kg/m²） b. 轻质墙体（≤60kg/m²） c. 易泄压的门窗及安全玻璃

3.3 防腐蚀设计

3.3.1 常用防腐蚀材料及其使用部位

常用防腐材料及其使用部位　　表 3.3.1

部位 / 材料	楼地面	内墙	墙裙	踢脚（$h \geqslant$ 250 高）	排水沟集水坑池槽	地漏	钢柱支座钢梯梯脚	设备基础	散水	备　注
耐酸砖	√	—	√	√	√	—	√	√	√	耐酸率≥99.8%，吸水率≤2%
耐酸缸砖	√	—	—	√	√	—	√	√	√	耐酸率≥98%，吸水率≤6%，抗压强度≥55MPa

续表

材料 \ 部位		楼地面	内墙	墙裙	踢脚（$h \geqslant$ 250高）	排水沟集水坑池槽	地漏	钢柱支座钢梯梯脚	设备基础	散水	备注
耐酸陶板		√	—	√	√	√	—	√	√	√	耐酸率≥98%，吸水率≤6%，抗压强度≥80MPa
耐酸石板	花岗石	√	—	√	√	—	—	√	√	√	耐酸率≥95%，吸水率≤1%，抗压强度≥100MPa，浸酸安定性应合格
	石英石	√	—	√	√	—	—	√	√	√	耐酸率≥99.8%，吸水率为0，抗压强度≥700MPa
	微晶石	√	—	√	√	—	—	√	√	√	
沥青浸渍砖		√	—	—	√	√	—	√	√	√	

续表

部位 材料	楼地面	内墙	墙裙	踢脚（$h \geqslant$ 250高）	排水沟集水坑池槽	地漏	钢柱支座钢梯梯脚	设备基础	散水	备注
沥青砖浆	√	√	√	√	√	—	√	√	√	
密实混凝土	√	—	—	√	√	—	√	√	√	抗渗等级≥58
耐碱混凝土	√	—	—	√	√	—	√	√	√	抗渗等级≥S12
密实钾（钠）水玻璃混凝土	√	—	—	√	√	—	√	√	√	
密实钾水玻璃砂浆	√	—	—	√	√	—	√	√	√	
聚合物水泥砂浆	√	√	√	√	√	—	√	√	√	
呋喃混凝土	√	—	—	√	√	—	√	√	√	
树脂玻璃钢	√	—	√	√	√	√	√	√	—	也可用于管道

续表

材料 \ 部位	楼地面	内墙	墙裙	踢脚（$h\geqslant$250 高）	排水沟集水坑池槽	地漏	钢柱支座钢梯梯脚	设备基础	散水	备　　注
树脂砂浆	√	√	√	√	√	—	√	√	—	只适应于室内
环氧自流平	√	—	—	√	—	—	—	—	—	只适应于室内
PVC 板	√	—	√	√	√	—	√	—	—	只适应于室内
湿固化改性环氧胶泥整体面层	√	—	√	√	√	—	—	—	—	
玻璃钢格栅楼板	√	—	—	√	—	—	—	—	—	
硬塑料	—	—	—	—	—	√	—	—	—	也可用于管道
硬铅	—	—	—	—	—	√	—	—	—	
铸铁	—	—	—	—	—	√	—	—	—	

资料来源：国标图集 08J333《建筑防腐蚀构筑》，中国建筑标准设计研究院（2008 版）。

3.3.2　常用防腐蚀涂层的选择

涂层的选择　　　　表 3.3.2

<table>
<tr><th colspan="2" rowspan="2">涂料品种</th><th rowspan="2">耐酸</th><th rowspan="2">耐碱</th><th rowspan="2">耐油</th><th rowspan="2">耐候</th><th rowspan="2">耐磨</th><th colspan="2">与基层附着力</th><th rowspan="2">装饰效果</th></tr>
<tr><th>钢铁</th><th>水泥</th></tr>
<tr><td colspan="2">氯化橡胶涂料</td><td>○</td><td>○</td><td>○</td><td>○</td><td>○</td><td>○</td><td>○</td><td>○</td></tr>
<tr><td>脂肪族</td><td rowspan="2">聚氨酯涂料</td><td>○</td><td>○</td><td>√</td><td>○</td><td>√</td><td>○</td><td>○</td><td>√</td></tr>
<tr><td>芳香族</td><td>○</td><td>○</td><td>√</td><td>×</td><td>√</td><td>○</td><td>○</td><td>√</td></tr>
<tr><td colspan="2">环氧涂料</td><td>○</td><td>√</td><td>√</td><td>×</td><td>√</td><td>√</td><td>√</td><td>○</td></tr>
<tr><td colspan="2">聚氯乙烯萤丹涂料</td><td>√</td><td>√</td><td>√</td><td>○</td><td>○</td><td>√</td><td>○</td><td>○</td></tr>
<tr><td colspan="2">高氯化聚乙烯涂料</td><td>○</td><td>○</td><td>○</td><td>○</td><td>○</td><td>○</td><td>○</td><td>○</td></tr>
<tr><td colspan="2">氯磺化聚乙烯涂料</td><td>○</td><td>○</td><td>○</td><td>○</td><td>○</td><td>○</td><td>○</td><td>○</td></tr>
<tr><td colspan="2">聚苯乙烯涂料</td><td>○</td><td>○</td><td>○</td><td>△</td><td>○</td><td>○</td><td>○</td><td>○</td></tr>
<tr><td colspan="2">醇酸涂料</td><td>△</td><td>×</td><td>√</td><td>○</td><td>○</td><td>○</td><td>△</td><td>√</td></tr>
<tr><td colspan="2">丙烯酸涂料</td><td>△</td><td>△</td><td>○</td><td>○</td><td>○</td><td>○</td><td>○</td><td>○</td></tr>
<tr><td colspan="2">丙烯酸环氧涂料</td><td>○</td><td>○</td><td>○</td><td>○</td><td>√</td><td>√</td><td>√</td><td>○</td></tr>
<tr><td colspan="2">丙烯酸聚氨酯涂料</td><td>○</td><td>○</td><td>○</td><td>√</td><td>○</td><td>○</td><td>○</td><td>√</td></tr>
</table>

续表

<table>
<tr><th rowspan="2">涂料品种</th><th rowspan="2">耐酸</th><th rowspan="2">耐碱</th><th rowspan="2">耐油</th><th rowspan="2">耐候</th><th rowspan="2">耐磨</th><th colspan="2">与基层附着力</th><th rowspan="2">装饰效果</th></tr>
<tr><th>钢铁</th><th>水泥</th></tr>
<tr><td>氟碳涂料</td><td>○</td><td>○</td><td>○</td><td>√</td><td>√</td><td colspan="2" rowspan="2">价格较贵，不用作底涂料</td><td>√</td></tr>
<tr><td>聚硅氧烷涂料</td><td>○</td><td>○</td><td>○</td><td>√</td><td>√</td><td>√</td></tr>
<tr><td>聚脲涂料</td><td>○</td><td>○</td><td>○</td><td>○</td><td>√</td><td>○</td><td>○</td><td>○</td></tr>
<tr><td>环氧沥青涂料、聚氨酯沥青涂料</td><td>○</td><td>○</td><td>△</td><td>×</td><td>○</td><td>√</td><td>√</td><td>×</td></tr>
</table>

注：1. 表中：√优、○良、△可、×差。

2. 加入氟树脂改性的聚氯乙烯萤丹涂料，其耐候性为优。

资料来源：国标图集 08J333《建筑防腐蚀构筑》
中国建筑标准设计研究院（2008 版）

3.3.3 典型的防腐蚀楼地面的做法

典型的防腐蚀地面做法　　表 3.3.3

<table>
<tr><th colspan="3">（一）耐酸面砖、石板楼地面构造做法表</th></tr>
<tr><td rowspan="2">1. 面层</td><td>面板</td><td>耐酸砖（20、30、65 厚）、缸砖（20、40、65 厚），缝宽 3～5</td></tr>
<tr><td>石砖</td><td>耐酸石板（20 厚）、花岗岩板（60 厚），缝宽 3～5</td></tr>
</table>

续表

2. 结合层（黏结层）	胶泥	沥青类	沥青胶泥（3～5厚）
		环氧类	环氧胶泥、环氧沥青胶泥（4～6厚）
		呋喃类	呋喃胶泥（4～6厚）
		水玻璃类	密实钾水玻璃胶泥、密实钠水玻璃胶泥（3～5厚）
		不饱和聚酯类	双酚A型不饱和聚酯胶泥、二甲苯型不饱和聚酯胶泥、间苯型不饱和聚酯胶泥、邻苯型不饱和聚酯胶泥（4～6厚）
		乙烯类	乙烯基酯胶泥（4～6厚）
		酚醛类	酚醛胶泥（4～6厚）
	水泥砂浆	聚丁胶乳水泥砂浆（4～6厚）	
		聚丙烯酸酯乳液水泥砂浆（4～6厚）	
		环氧乳液水泥砂浆（4～6厚）	
3. 隔离层	卷材、涂料	1厚聚乙烯丙纶卷材、3层SBS改性沥青卷材	
		1.5厚聚氨酯涂料、1.5厚三元乙丙卷材	

续表

<table>
<tr><td colspan="2">4. 找平层</td><td>水泥砂浆</td><td>20 厚 1∶2 水泥砂浆</td></tr>
<tr><td rowspan="2">5.</td><td>垫层</td><td>混凝土</td><td>120 厚 C20 细石混凝土，纵横设缝@3～6m（用于地面）</td></tr>
<tr><td>找坡层</td><td>混凝土</td><td>20～80 厚 C20 细石混凝土，坡度 i =2%（用于楼面）</td></tr>
<tr><td colspan="2">6. 防潮层</td><td>塑料膜</td><td>0.2 厚塑料薄膜（用于地面）</td></tr>
<tr><td colspan="2" rowspan="2">7. 基层</td><td>楼面</td><td>现浇或预知钢筋混凝土楼板（预制板上应浇 40 厚配筋细石混凝土）</td></tr>
<tr><td>地面</td><td>基地找坡夯实（夯实系数≥0.9）</td></tr>
<tr><td colspan="4">（二）沥青砂浆、密实混凝土楼地面构造做法表</td></tr>
<tr><td colspan="2" rowspan="2">1. 面层</td><td>沥青砂浆</td><td>20～40 厚沥青砂浆碾压成型，表面熨平整</td></tr>
<tr><td>密实混凝土</td><td>60 厚 C30 密实混凝土（或 I 级耐碱混凝土）随捣提浆抹平压光</td></tr>
<tr><td colspan="2">2. 隔离层</td><td>油毡、卷材、胶泥</td><td>两层沥青玻璃布油毡、3 厚 SBS 改性沥青卷材、1.5 厚三元乙丙卷材（三种材料任选一种）</td></tr>
<tr><td colspan="2">3. 找平层</td><td>水泥砂浆</td><td>20 厚 1∶2 水泥砂浆</td></tr>
<tr><td colspan="2">4. 垫层</td><td>混凝土</td><td>120 厚 C20 细石混凝土，纵横设缝@3～6m（用于地面）</td></tr>
<tr><td colspan="2">5. 找坡层</td><td>混凝土</td><td>20～80 厚 C20 细石混凝土，坡度 i =2%（用于楼面）</td></tr>
<tr><td colspan="2">6. 防潮层</td><td>塑料膜</td><td>0.2 厚薄塑料薄膜（用于地面）</td></tr>
</table>

续表

7. 基层	楼面	现浇或预制钢筋混凝土楼板（预制板上应浇 40 厚配筋细石混凝土）
	地面	基地找坡夯实（夯实系数≥0.9）

（三）密实钾水玻璃混凝土、砂浆楼地面构造做法表（无隔离层）

1. 面层	水玻璃混凝土	60～80 厚密实钾水玻璃混凝土提浆抹平压光
	水玻璃砂浆	30～40 厚密实钾水玻璃砂浆抹平压光
2. 垫层	混凝土	120 厚 C20 细石混凝土，纵横设缝@3～6m（用于地面）
3. 找坡层	混凝土	20～80 厚 C20 细石混凝土，坡度 $i=2\%$（用于楼面）
4. 防潮层	塑料膜	0.2 厚薄塑料薄膜（用于地面）
5. 基层	楼面	现浇或预制钢筋混凝土楼板（预制板上应浇 40 厚配筋细石混凝土）
	地面	基地找坡夯实（夯实系数≥0.9）

（四）密实钾（钠）水玻璃混凝土楼地面构造做法表（有隔离层）

1. 面层	水玻璃混凝土	80 厚密实钾水玻璃混凝土提浆抹平压光
2. 隔离层	卷材、涂料	1 厚聚乙烯丙纶卷材或 1.5 厚聚氨酯涂料
3. 找平层	水泥砂浆	20 厚 1∶2 水泥砂浆

续表

4. 垫层	混凝土	120厚C20细石混凝土，纵横设缝@3～6m（用于地面）
5. 找坡层	混凝土	20～80厚C20细石混凝土，坡度i=2%（用于楼面）
6. 基层	楼面	现浇或预制钢筋混凝土楼板（预制板上应浇40厚配筋细石混凝土）
	地面	基地找坡夯实（夯实系数≥0.9）

（五）环氧砂浆楼地面构造做法表

1. 面层	胶料	0.2厚环氧面层胶料
	砂浆	5厚环氧砂浆
2. 隔离层	玻璃钢	1厚环氧玻璃钢隔离层（也可取消此层）
3. 打底层	打底料	0.15厚环氧打底料2道
4. 垫层	混凝土	120厚C20细石混凝土，强度达标后表面打磨或喷砂处理（用于地面）
5. 找坡层	混凝土	20～80厚C20细石混凝土，坡度i=2%，强度达标后表面打磨（用于楼面）
6. 防潮层	塑料膜	0.2厚薄塑料薄膜（用于地面）
7. 基层	楼面	现浇或预制钢筋混凝土楼板（预制板上应浇40厚配筋细石混凝土）
	地面	基地找坡夯实（夯实系数≥0.9）

续表

（六）环氧自流平砂浆楼地面构造做法表		
1. 面层	环氧砂浆	3～5厚环氧自流平砂浆
2. 打底层	打底料	0.15厚环氧打底料2道
3. 垫层	混凝土	120厚C20细石混凝土，强度达标后表面打磨或喷砂处理（用于地面）
4. 找坡层	混凝土	20～80厚C20细石混凝土，坡度 $i=2\%$，强度达标后表面打磨（用于楼面）
5. 防潮层	塑料膜	0.2厚薄塑料薄膜（用于地面）
6. 基层	楼面	现浇或预制钢筋混凝土楼板（预制板上应浇40厚配筋细石混凝土）
	地面	基地找坡夯实（夯实系数≥0.9）

（七）PVC楼地面构造做法表		
1. 面层	PVC板	3层PVC板用专用胶粘剂粘贴
2. 打底层	砂浆	20厚聚合物水泥砂浆
3. 界面层	水泥浆	聚合物水泥浆一道
4. 垫层	混凝土	120厚C20细石混凝土，纵横设缝@3～6m（用于地面）
5. 找坡层	混凝土	20～80厚C20细石混凝土，坡度 $i=2\%$（用于楼面）
6. 防潮层	塑料膜	0.2厚薄塑料薄膜（用于地面）
7. 基层	楼面	现浇或预制钢筋混凝土楼板（预制板上应浇40厚配筋细石混凝土）
	地面	基地找坡夯实（夯实系数≥0.9）

3.4 防氡处理措施

防氡处理措施

(GB 50325—2010 要求) 表 3.4

序号	防氡处理措施(GB 50325—2010)
1	当民用建筑工程场地土壤氡浓度测定结果不>20000Bq/m³，可不采取防氡工程措施(GB 50325—2010 第 4.2.3 条)
2	当民用建筑工程场地土壤氡浓度测定结果>20000Bq/m³，且<30000Bq/m³，应采取建筑物底层地面抗开裂措施(GB 50325—2010 第 4.2.4 条)
3	当民用建筑工程场地土壤氡浓度测定结果>30000Bq/m³，且<50000Bq/m³，除采取建筑物底层地面抗开裂措施外，还必须按现行国家标准《地下工程防水技术规范》GB 50108 中一级防水要求，对基础进行处理(GB 50325—2010 第 4.2.5 条)
4	当民用建筑工程场地土壤氡浓度测定结果>50000Bq/m³，应采取建筑物综合防氡措施(GB 50325—2010 第 4.2.6 条)
5	当Ⅰ类民用建筑工程场地土壤中氡浓度≥50000Bq/m³，应进行工地场地土壤氡中的镭－226、钍－232、钾－40 比活度测定。当内照射指数(I_{Ra})大于 1.0 或外照射指数(I_r)大于 1.3 时，工程场地土壤不得作为工程回填土使用(GB 50325—2010 第 4.2.7 条)

3.5 安全疏散与避难

3.5.1 安全疏散与避难的一般要求

安全疏散与避难的一般要求 表 3.5.1

<table>
<tr><th colspan="2">类　别</th><th>技术要求</th></tr>
<tr><td rowspan="2">1</td><td>公共建筑：每个防火分区或一个防火分区的每个楼层</td><td rowspan="2">安全出品的数量不应少于 2 个，符合条件时可设置 1 个</td></tr>
<tr><td>住宅建筑：每个单元每层</td></tr>
<tr><td rowspan="2">2</td><td>建筑内每个防火分区或一个防火分区的每个楼层及每个住宅单元每层，相邻两个安全出品</td><td rowspan="2">最近边缘之间的水平距离应≥5m</td></tr>
<tr><td>室内每个房间，相邻两个疏散门</td></tr>
<tr><td>3</td><td>建筑的楼梯间</td><td>宜通至屋面，通向屋面的门或窗应向外开启</td></tr>
<tr><td>4</td><td>自动扶梯和电梯</td><td>不应记作安全疏散设施</td></tr>
<tr><td>5</td><td>直通建筑内附设汽车库的电梯</td><td>应在汽车库部分设置电梯候梯厅，并应采用防火隔墙和乙级防火门与汽车库分隔</td></tr>
<tr><td>6</td><td>公建内的客、货电梯</td><td>宜设电梯候梯厅，不宜直接设在营业、展览、多功能厅内</td></tr>
<tr><td>7</td><td>高层建筑直通室外的安全出口上方</td><td>应设挑出宽度≥1.0m的防护挑檐</td></tr>
</table>

3.5.2 安全出口

1. 允许只设一个出口或疏散楼梯时要求

公共建筑允许只设一个门的房间　　表 3.5.2-1

<table>
<tr><th>房间位置</th><th colspan="2">限制条件</th></tr>
<tr><td rowspan="3">位于两个安全出口之间或袋形走道两侧的房间</td><td>托、幼、老建筑</td><td>房间面积≤50m^2</td></tr>
<tr><td>医疗、教学建筑</td><td>房间面积≤75m^2</td></tr>
<tr><td>其他建筑或场所</td><td>房间面积≤120m^2</td></tr>
<tr><td rowspan="2">位于走道尽端的房间（托、幼、老、医、教建筑除外）</td><td colspan="2">建筑面积<50m^2，门净宽≥0.9m</td></tr>
<tr><td colspan="2">房间内最远一点至疏散门的直线距离≤15m，建筑面积≤200m^2，门净宽≥1.4m</td></tr>
<tr><td>歌舞娱乐放映游艺场所</td><td colspan="2">房间建筑面积≤50m^2，人数≤15人</td></tr>
<tr><td rowspan="2">地下、半地下室</td><td>设备间</td><td>建筑面积≤200m^2</td></tr>
<tr><td>其他房间</td><td>建筑面积≤50m^2，人数≤15人</td></tr>
</table>

2. 允许一个安全出口或只设一个疏散楼梯的建筑

允许一个安全出口或只设一个疏散楼梯的建筑　　表 3.5.2-2

<table>
<tr><th colspan="2">建筑类别</th><th>允许只设一个疏散楼梯的条件</th></tr>
<tr><td rowspan="3">公共建筑</td><td>单层、多层的首层</td><td>S(每层建筑面积)≤200m^2，人数≤50人(托、幼除外)</td></tr>
<tr><td>≤3层</td><td>每层S≤200m^2，二三层人数之和≤50人(托、幼及老人、医疗、歌舞建筑除外)</td></tr>
<tr><td>顶层局部升高的部位</td><td>局部升高的层数≤2层，人数≤50人，且每层面积≤200m^2。但应另设一个直通主体建筑上人屋面的安全出口</td></tr>
</table>

续表

建筑类别	允许只设一个疏散楼梯的条件
地下、半地下室(人员密集、歌舞娱乐放映游艺场所除外)	防火分区面积≤50m²，且人数≤15人 防火分区面积≤500m²，人数≤30人，且埋深≤10m(当需要2个安全出口时，可利用直通室外的金属竖向梯作为第二个安全出口) 防火分区面积≤200m²的设备间
相邻的两个防火分区	除地下车库外，一、二级耐火等级的公建可利用防火墙上的甲级防火门作为第二个安全出口。但疏散距离、安全出口数量及其总净宽度应符合下列要求： 1. 建筑面积>1000m²的防火分区，直通室外的安全出口应≥2个； 2. 建筑面积≤1000m²的防火分区，直通室外的安全出口应≥1个； 3. 通向相邻防火分区的疏散净宽应不大于《建筑设计防火规范》第5.5.21条规定计算值的30%；被疏散的相邻防火分区疏散净宽应增加，以保证各层直通室外安全出口总净宽满足要求； 4. 两个相邻防火分区之间应采用防火墙分隔，不可采用防火卷帘

续表

建筑类别		允许只设一个疏散楼梯的条件
厂房	甲类厂房	每层 $S \leqslant 100m^2$，同一时间人数≤5 人
	乙类厂房	每层 $S \leqslant 150m^2$，同一时间人数≤10 人
	丙类厂房	每层 $S \leqslant 250m^2$，同一时间人数≤20 人
	丁、戊类厂房	每层 $S \leqslant 400m^2$，同一时间人数≤30 人
	地下、半地下厂房，厂房的地下、半地下室	每层 $S \leqslant 50m^2$，同一时间人数≤15 人
		相邻的两个防火分区，可利用防火墙上的甲级防火门作为第二个安全出口，但每个防火分区至少应有一个直通室外的独立安全出口
仓库	一般仓库	一座仓库的占地面积 $\leqslant 300m^2$
		仓库的一个防火分区面积 $\leqslant 100m^2$
	地下、半地下仓库，仓库的地下、半地下室	建筑面积 $\leqslant 100m^2$
		相邻的两个防火分区，可利用防火墙上的甲级防火门作为第二个安全出口，但每个防火分区至少应有一个直通室外的独立安全出口

3.5.3 安全疏散

公共建筑安全疏散距离（m） **表 3.5.3-1**

建筑类别			位于两个安全出口之间的房间				位于袋形走道两侧或尽端的房间			
			一般情况	有自动灭火系统	房门开向开敞式外廊	安全出口为开敞楼梯间	一般情况	有自动灭火系统	房门开向开敞式外廊	安全出口为开敞楼梯间
托儿所、幼儿园、老人建筑			25	31	30	20	20	25	25	18
歌舞娱乐放映游艺场所			25	31	30	20	9	11	14	7
医疗建筑	单层、多层		35	44	40	30	20	25	25	18
	高层	病房部分	24	30	29	19	12	15	17	10
		其他部分	30	37.5	35	25	15	19	20	13
教育建筑	单、多层		35	44	40	30	22	27.5	27	20
	高层		30	37.5	35	25	15	19	20	13
高层旅馆、展览建筑			30	37.5	35	25	15	19	20	13
其他公建（包括住宅）	单、多层		40	50	45	35	22	27.5	27	20
	高层		40	50	45	35	20	25	25	18

注：1. 本表所列建筑的耐火等级为一、二级。
2. 跃廊式住宅户门至最近出口的距离，应从户门算起，室内楼梯的距离可按其水平投影长度的 1.5 倍计算。

首层疏散楼梯至室外的距离　　　　表 3.5.3-2

基本规定	疏散楼梯间在首层应直通室外
确有困难时	在首层可采用扩大封闭楼梯间或防烟楼梯间扩大的前室通至室外
≤4 层的建筑且未采用扩大封闭楼梯间或防烟楼梯间前室时	可将直通室外的门设在离疏散楼梯门≤15m 处
＞4 层的建筑	应在楼梯间处设直接对外的安全出口或采用避难走道直通室外

室内最远一点至房门或安全出口的最大距离

表 3.5.3-3

建筑类别		室内任一点至房门	房门至最近安全出口
一般公共建筑		不大于《建筑设计防火规范》(GB 50016—2014)规定的袋形走道两侧或尽端房间至最近安全出口的距离	按《建筑设计防火规范》(GB 50016—2014)的第 5.5.17 条执行
各种大空间(观众厅、餐厅、展览厅、营业厅、开敞办公区、会议报告厅、观演建筑序厅等，但不含用作舞厅、娱乐场所的多功能厅等)		直线距离应≤30m 或(37.5m)，满足此条后，厅里小房间内任一点至疏散门或安全出口行走距离可≤45m	当厅房门不能直达室外或疏散楼梯间时，可采用长度≤10m 或(12.5m)的走道通至安全出口
住宅	单、多层	≤22m(27.5m)	≤22m(27.5m)
	高层	≤20m(25m)	≤20m(25m)
设置开敞楼梯的两层商业服务网点		多层≤22m 或(27.5m)，高层≤20m 或(25m)	

注：括号内数据为设置了自动喷水灭火系统时的距离。

3.5.4 避难疏散设施

避难疏散设施 **表 3.5.4**

<table>
<tr><th>类型</th><th colspan="3">设计要求</th><th>设置范围</th></tr>
<tr><td rowspan="4">防火隔间</td><td colspan="3">建筑面积应≥6m^2</td><td rowspan="4">防火隔间可作为相邻两个防火分区的连通口部及相邻两个独立使用场所的人员通行使用</td></tr>
<tr><td colspan="3">门——甲级防火门（主要用于连通用途，不应计入安全出口数量和疏散宽度）</td></tr>
<tr><td colspan="3">不同防火分区通向防火隔间的最小间距应≥4m</td></tr>
<tr><td colspan="3">室内装修材料燃烧性能等级应为A级</td></tr>
<tr><td rowspan="5">下沉广场</td><td rowspan="2">室外开敞空间的开口最近边缘之间的水平距离 S</td><td>建筑面积≥20000m^2</td><td>S≥13m</td><td rowspan="5">主要用于将大型地下商场分隔为多个相对独立的区域；
一旦某个区域着火且失控时，下沉广场能防止火灾蔓延至其他区域</td></tr>
<tr><td>建筑面积$<$20000m^2</td><td>S不限，但外墙应采取防火措施</td></tr>
<tr><td>室外开敞空间用于人员疏散的净面积</td><td colspan="2">应≥169m^2（不包括水池、景观等面积）</td></tr>
<tr><td rowspan="2">直通地面的疏散楼梯</td><td>楼梯数量</td><td>≥1部</td></tr>
<tr><td>总净宽度</td><td>≥任一防火分区通向室外开敞空间的设计疏散总净宽度</td></tr>
</table>

续表

<table>
<tr><th>类型</th><th colspan="2">设计要求</th><th>设置范围</th></tr>
<tr><td rowspan="4">下沉广场</td><td>其他设施</td><td>禁止布置任何经营性商业设施或其他可能引起火灾的设施物体</td><td rowspan="4">主要用于将大型地下商场分隔为多个相对独立的区域；
一旦某个区域着火且失控时，下沉广场能防止火灾蔓延至其他区域</td></tr>
<tr><td rowspan="3">防风雨篷（类似顶部篷盖）</td><td>不应完全封闭，应能保证火灾烟气快速自然排放</td></tr>
<tr><td>四周开口部位应均匀布置，开口面积≥室外开敞面积地面面积的1/4，开口高度≥1.0m</td></tr>
<tr><td>开口设置百叶时，其有效排烟面积应=百叶通风口面积的60%</td></tr>
<tr><td rowspan="5">避难走道</td><td rowspan="2">直通地面的安全出口</td><td>服务于多个防火分区：应≥2个</td><td rowspan="5">用于解决大型建筑平面面积过大，疏散距离过长或难以设置直通室外的安全出口问题</td></tr>
<tr><td>服务于1个防火分区：可只设1个（防火分区另有1个）</td></tr>
<tr><td>走道净宽</td><td>应大于等于任一防火分区通向走道的设计疏散总净宽度</td></tr>
<tr><td>防烟前室</td><td>防火分区至避难走道入口处应设置防烟前室，使用面积应≥6m²，开向前室的门应为甲级防火门，前室开向避难走道的门应为乙级防火门</td></tr>
<tr><td>消防设施</td><td>消防栓、消防应急照明、应急广播、清防专线电话</td></tr>
</table>

续表

<table>
<tr><th>类型</th><th colspan="2">设计要求</th><th>设置范围</th></tr>
<tr><td rowspan="2">避难层(间)</td><td>数量或间距</td><td>1. H＞100m 的公共建筑和住宅
(1)第一个避难层(间)的楼面至灭火救援现场地面的高度应≤50m
(2)两个避难层(间)的距离(高度)宜≤50m
2. 高层病房楼：二层及以上各楼层和洁净手术部均应设置避难间
3. H＞54m 的住宅：每户设置避难间
4. 大型商店屋顶平台上无障碍物的避难面积宜≥营业层建筑面积的 50%</td><td rowspan="2">1. H＞100m 的公共建筑应设避难层(间)，H＞100m 的住宅建筑应设避难层
2. 高层病房楼(住院部)和洁净手术部应设避难间
3. H＞54m 的住宅应设避难间
4. 大型商业营业厅设在五层及以上时，应设避难区</td></tr>
<tr><td>净面积</td><td>1. H＞100m 的公共建筑和住宅：5.0 人/m^2
2. 高层病房楼：25m^2/每个护理单元，避难间服务的护理单元≤2 个
3. H＞54m 的住宅：利用套内房间兼作避难间，面积不限
4. 大型商店屋顶平台上无障碍物的避难面积宜≥营业层建筑面积的 50%</td></tr>
</table>

续表

类型	设计要求		设置范围
避难层（间）	其他设计要求	1. 通向避难层的疏散楼梯应在避难层分隔，同层错位或上下层断开 2. 避难层可兼作设备层；设备管道宜集中布置，易燃可燃液体或气体管道和排烟管道应集中布置并应采用耐火极限≥3.00h防火隔墙与避难区分隔；管道井和设备间应采用耐火极限≥2h防火隔墙与避难区分隔；设备间的门应采用甲级防火门，且与避难层出入口的距离应≥5m，管道井的门不应直接开向避难区 3. 应设置消防电梯出口、消火栓、消防软管卷盘、消防专线电话和应急广播、指示标志 4. 高层病房楼的避难间应靠近楼梯间，并采用耐火极限为2h防火隔墙和甲级防火门 5. $H>54m$的住宅内避难间应靠外墙，并设耐火极限≥1h的可开启外窗，门采用乙级防火门	1. $H>100m$的公共建筑应设避难层（间），$H>100m$的住宅建筑应设避难层 2. 高层病房楼（住院部）和洁净手术部应设避难间 3. $H>54m$的住宅应设避难间 4. 大型商业营业厅设在五层及以上时，应设避难区

4 建筑部件构件构造安全设计

4.1 栏杆与女儿墙

4.1.1 一般规定

栏杆安全设计一般规定　　表 4.1.1

栏杆设置场所、位置	技术要求	规范依据
阳台、外廊、室内回廊、内天井、上人屋面及室外楼梯等临空处	应设置防护栏杆	《民用建筑设计通则》GB 50352—2005 第 6.6.3 条
栏杆材料	应以坚固、耐久的材料制作，并能承受荷载规范规定的水平荷载	
栏杆离楼面或屋面 0.10m 高度内	不宜留空	
住宅、托儿所、幼儿园、中小学及少年儿童专用活动场所的栏杆	必须采用防止少年儿童攀登的构造，当采用垂直杆件做栏杆时，其杆件净距应≤0.11m	
文化娱乐建筑、商业服务建筑、体育建筑、园林景观建筑等允许少年儿童进入活动的场所	当采用垂直杆件做栏杆时，其杆件净距应≤0.11m	

4.1.2 栏杆安全高度

各种栏杆安全高度 **表 4.1.2**

建筑类别	设置场所		高度(m)	栏杆杆件的要求	规范依据
住宅、宿舍、公寓(居住性质)等居住建筑	室内公用楼梯的栏杆、栏板及扶手		≥0.9	防护栏杆必须采用防止儿童攀爬的构造；当采用垂直杆件做栏杆时，其杆件净距应≤0.11m；放置花盆处必须采取防坠落措施	《民用建筑设计通则》GB 50352—2005 第6.6.3条；《住宅设计规范》GB 50096—2011 第6.1.1条、6.1.3条；《楼梯 栏杆 栏板(一)》15J403—1；《剧场建筑设计规范》JGJ 57—2016
	室内公用楼梯水平段(靠梯井一侧)栏杆栏板水平长度>0.5m时		≥1.05		
	外廊、内天井、上人屋面、楼梯井净宽≥0.20m等临空处防护栏杆及栏板	六层及六层以下	≥1.05		
		七层及七层以上	≥1.10		
	护窗栏杆及栏板		≥0.9		
旅馆、医院、办公楼等一般公共建筑	室内楼梯的栏杆、栏板及扶手		≥0.9	允许少年儿童进入活动的场所，当采用垂直杆件做栏杆时，其杆件净距应≤0.11m	
	室内楼梯水平段(靠梯井一侧)栏杆栏板水平长度>0.5m时		≥1.05		
	临空处防护栏杆及栏板	临空处高度<24m时	≥1.05		
		临空处高度≥24m时	≥1.10		
	护窗栏杆及栏板		≥0.8		

续表

<table>
<tr><th>建筑类别</th><th colspan="2">设置场所</th><th>高度(m)</th><th>栏杆杆件的要求</th><th>规范依据</th></tr>
<tr><td rowspan="6">商店、剧场、电影院、礼堂、展览馆、体育场等人流密集场所</td><td colspan="2">室内楼梯的栏杆、栏板及扶手</td><td>≥1.05</td><td rowspan="5">临空栏杆应采用防攀爬构造；当采用垂直杆件做栏杆时，其杆件净距应≤0.11m</td><td rowspan="6">《民用建筑设计通则》GB 50352—2005第6.6.3条；《住宅设计规范》GB 50096—2011第6.1.1条、6.1.3条；《楼梯 栏杆 栏板(一)》15J403—1；《剧场建筑设计规范》JGJ 57—2016</td></tr>
<tr><td colspan="2">室内楼梯水平段(靠梯井一侧)栏杆栏板水平长度>0.5m时</td><td>≥1.05</td></tr>
<tr><td rowspan="2">临空处防护栏杆及栏板</td><td>临空处高度≤24m时</td><td>≥1.05</td></tr>
<tr><td>临空处高度≥24m时</td><td>≥1.10</td></tr>
<tr><td colspan="2">固定的导向栏杆、隔离防护栏杆</td><td>≥1.20</td></tr>
<tr><td colspan="2">剧场楼座前排栏杆和楼座包厢栏杆</td><td>≤0.85</td><td>应采取措施保障人身安全，下部实心部分不得低于0.45m</td></tr>
</table>

续表

建筑类别	设置场所	高度(m)	栏杆杆件的要求	规范依据
托儿所、幼儿园	栏杆、栏板及靠墙处的幼儿扶手(下层扶手)	≤0.60	防护栏杆应采用防止幼儿攀爬和穿过的构造，当采用垂直杆件做栏杆时，其杆件净距应≤0.11m	《托儿所、幼儿园建筑设计规范》JGJ 39—2016
	室内楼梯的栏杆、栏板及成人扶手(上层扶手)	≥0.9		
	室内楼梯水平段的栏杆、栏板及成人扶手	≥1.05		
	临空处防护栏杆及栏板（外廊、室内回廊、内天井、阳台、上人屋面、平台、看台及室外楼梯等临空处）	≥1.10		
	护窗栏杆及栏板	≥0.9		
中小学校等青少年活动场所	室内楼梯的栏杆、栏板及扶手	≥0.9	防护栏杆不得采用易于攀爬的构造和花饰，当采用垂直杆件做栏杆时，其杆件净距应≤0.11m	《民用建筑设计通则》GB 50352—2005；《中小学校设计规范》GB 50099—2011
	室内楼梯水平段的栏杆、栏板及扶手	≥1.10		
	临空处防护栏杆及栏板（外廊、室内回廊、内天井、阳台、上人屋面、平台、看台及室外楼梯等临空处）	≥1.10		
	护窗栏杆及栏板	≥0.9		

续表

建筑类别	设置场所	高度（m）	栏杆杆件的要求	规范依据
供残疾人使用的扶手	无障碍单层扶手	0.85～0.9	扶手应保持连贯，靠墙面的扶手的起点和终点处应水平延伸不小于0.3m的长度；扶手末端应向内拐到墙面或向下延伸不小于0.1m，栏杆式扶手应向下成弧形或延伸到地面上固定	《无障碍设计规范》GB 50763—2012第3.8条
	无障碍双层扶手	0.65～0.7		
	无障碍双层扶手	0.85～0.9		

续表

建筑类别	设置场所	高度（m）	栏杆杆件的要求	规范依据
老年人居住建筑	室内楼梯的栏杆、栏板及扶手	0.85～0.9	楼梯、坡道扶手端部宜水平延伸≥0.3m，末端宜向内拐到墙面，或向下延伸≥0.1m	《老年人居住建筑设计规范》GB 50340—2016
	双层扶手的下层扶手	0.65～0.7		

注：1. 栏杆高度应从楼地面或屋面至栏杆扶手顶面垂直高度计算，如底部有宽度≥0.22m，且高度≤0.45m的可踏部位，应从可踏部位顶面起计算（《民用建筑设计通则》GB 50352—2005 第 6.6.3 条）。
2. 低窗台、凸窗等下部有能上人站立的宽窗台时，贴窗栏杆或固定窗的防护高度应从窗台面起计算（《民用建筑设计通则》GB 50352—2005 第 6.6.3 条）。
3. 距离楼地面 0.45m 以下的台面，横栏杆等容易造成无意识攀登的可踏面，不应计入窗台净高（《住宅设计规范》GB 50096—2011 条文说明第 5.8.1 条、5.8.2 条）。
4. 防止攀爬的构造，不宜作横向花饰、女儿墙防水材料收头的小沿砖等（《民用建筑设计通则》GB 50352—2005 条文说明第 6.6.3 条）。

4.1.3 特殊场所栏杆

特殊场所栏杆安全高度 **表 4.1.3**

特殊设置场所	设置要求	规范依据
室内宽楼梯的中间栏杆	室内宽楼梯梯段净宽≥2.2m 时，应设中间栏杆	《楼梯 栏杆 栏板（一）》15J403-1
室外广场景观台阶栏杆	室外广场景观台阶（梯段）净宽≥3.0m 时，应设中间栏杆；台阶侧面临空高度超过 0.7m 时，应设防护栏杆，其高度应≥1.05m	《楼梯 栏杆 栏板（一）》15J403-1
城市人行天桥	栏杆高度不应小于 1.1m。栏杆应以坚固材料制作，并能承受相应规定的水平荷载	《城市道路人行天桥》10MR604-1

4.2 台阶与楼梯

4.2.1 台阶

1. 台阶安全设计一般规定。

台阶安全设计一般规定　　　表 4.2.1

部位及设施	技术要求	规范依据
台阶	1. 公共建筑室内外台阶踏步宽度不宜＜0.30m，踏步高度不宜＞0.15m，并不宜＜0.10m，踏步应防滑。室内台阶踏步数不应＜2 级，当高差不足 2 级时，应按坡道设置	《民用建筑设计通则》GB 50352—2005 第 6.6.1 条
	2. 人流密集的场所台阶高度＞0.70m 并侧面临空时，应有防护设施。住宅公共出入口台阶高度＞0.7m 并侧面临空时，应设防护设施，防护设施净高不应＜1.05m	
	3. 踏步应采取防滑措施	

2. 托儿所、幼儿园幼儿经常通行和安全疏散的走道不应设有台阶。

4.2.2　楼梯安全设计

1. 楼梯安全设计一般规定。

楼梯安全设计一般规定　　　表 4.2.2-1

部位及设施	技术要求	规范依据
楼梯	1. 每个梯段的踏步不应超过 18 级，亦不应少于 3 级	《民用建筑设计通则》GB 50352—2005 第 6.7 条；《中小学校设计规范》GB 50099—2011；《建筑设计防火规范》GB 50016—2014 第 6.4 条
	2. 楼梯应至少一侧设扶手，梯段净宽达 3 股人流时应两侧设扶手，达 4 股人流时宜加设中间扶手	

续表

部位及设施	技术要求	规范依据
楼梯	3. 无中柱螺旋楼梯和弧形楼梯离内侧扶手中心 0.25m 处的踏步宽度应≥0.22m	《民用建筑设计通则》GB 50352—2005 第 6.7 条;《中小学校设计规范》GB 50099—2011;《建筑设计防火规范》GB 50016—2014 第 6.4 条
	4. 楼梯间内不应有影响疏散的凸出物或障碍物	
	5. 疏散用楼梯或疏散走道上的阶梯，不宜采用螺旋楼梯和扇形踏步。中小学校疏散楼梯不得采用螺旋楼梯和扇形踏步	
	6. 除通向避难层错位的疏散楼梯外，建筑内的疏散楼梯间在各层的平面位置不应改变	

2. 楼梯踏步最小宽度和最大高度。

楼梯踏步最小宽度和最大高度　　表 4.2.2-2

楼梯类别	最小宽度（m）	最大高度（m）	规范依据
住宅共用楼梯	0.26	0.175	《民用建筑设计通则》GB 50352—2005 第 6.7.10 条;《托儿所、幼儿园建筑设计规范》JGJ 39—2016 第 4.1.11 条;《中小学校设计规范》GB 50099—2011 第 8.7.3 条
小学校楼梯	0.26	0.15	
中学校楼梯	0.28	0.16	
幼儿园供幼儿使用楼梯	宜 0.26	宜 0.13	
电影院、剧场、体育馆、商场、医院、疗养院等楼梯	0.28	0.16	

续表

楼梯类别	最小宽度（m）	最大高度（m）	规范依据
办公楼、科研楼、宿舍、中学、大学等楼梯	0.26	0.17	《民用建筑设计通则》GB 50352—2005第6.7.10条；《托儿所、幼儿园建筑设计规范》JGJ 39—2016 第 4.1.11 条，《中小学校设计规范》GB 50099—2011第8.7.3条
专用疏散楼梯	0.25	0.18	
服务楼梯、住宅套内楼梯	0.22	0.20	

4.3 特殊建筑的墙角、柱脚、顶棚处理

特殊建筑的墙角、柱脚、顶棚处理　　表 4.3

建筑部位	技术要求	规范依据
托儿所幼儿园的墙角、柱脚	距离地面高度<1.30m，幼儿经常接触的室内外墙面，宜采用光滑易清洁的材料，墙角、窗台、暖气罩、窗口竖边等阳角处应做成圆角	《托儿所、幼儿园建筑设计规范》JGJ 39—2016第4.1.10条
中小学校教学用房及学生公共活动区的墙面	宜设置墙裙。墙裙高度应符合以下规定： 1. 小学的墙裙高度不宜<1.2m 2. 中学的墙裙高度不宜<1.4m 3. 舞蹈教室、风雨操场的墙裙高度不应<2.1m	《中小学校设计规范》GB 50099—2011第5.1.14条

续表

建筑部位	技术要求	规范依据
老年人居住建筑墙面	墙面1.8m以下不应有影响通行和疏散的突出物	《老年人居住建筑设计规范》GB 50340—2016 第5.2.5条
医院医疗用房的踢脚板、墙裙、墙面、顶棚	应便于清扫或冲洗，阴阳角宜做成圆角。踢脚板、墙裙应与墙面平	《综合医院建筑设计规范》GB 51039—2014 第5.1.12条
剧场顶棚	舞台顶棚构造要便于设备检修和人员通行，狭长形格栅缝隙不宜＞30mm，方孔形格栅缝隙不宜＞50mm	《剧场建筑设计规范》JGJ 57—2016 第6.1.4条
与电梯紧邻的房间	1. 电梯井道和机房不宜与有安静要求的用房紧邻布置，否则应采取隔振、隔声措施 2. 电梯不应紧邻卧室布置。当受条件限制，电梯不得不紧邻起居的卧室布置时，应采取隔声、减振的构造措施 3. 宿舍居室不应与电梯紧邻布置	《民用建筑设计通则》GB 50352—2005 第6.8.1条；《住宅建筑规范》GB 50368—2005 第7.1.5条；《住宅设计规范》GB 50096—2011 第6.4.7条；《宿舍建筑设计规范》JGJ 36—2016 第6.2.2条

4.4 电梯、自动扶梯安全设计

电梯、自动扶梯安全设计　　表 4.4

建筑部位	技术要求	规范依据
电梯	1. 电梯不应计作安全出口 2. 电梯井道和机房不宜与有安静要求的用房紧邻布置，否则应采取隔振、隔声措施 3. 电梯机房应有隔热、通风、防尘等措施，宜有自然采光，不得将机房顶板作水箱底板及在机房内直接穿越水管或蒸汽管 4. 专为老年人及残疾人使用的建筑，其乘客电梯宜设置内装电视监控系统或在电梯门上设置观察窗 5. 相邻两层电梯门地坎间的距离＞11m时，应设置井道安全门。井道安全门的高度不得＜1.8m，宽度不得＜0.35m 6. 轿厢安全门不应向轿厢外开启 7. 当电梯之下确有能够到达的空间，要增加安全措施： （1）将对重缓冲器安装于实心桩墩，桩墩要一直延伸到坚固地面上； （2）对重（或平衡重）上装安全钳	《民用建筑设计通则》GB 50352—2005 第6.8.1条

续表

建筑部位	技术要求	规范依据
自动扶梯、自动人行道	1. 自动扶梯和自动人行道不应计作安全出口 2. 为了使用安全，应在出入口处按要求设置畅通区。畅通区有密集人流穿行时，其宽度应加大或增加梯级水平移动距离，并适当增加畅通区的深度 3. 扶梯与楼层地板开口部位之间应设防护栏杆或栏板 4. 栏板应平整、光滑和无突出物；扶手带顶面距自动扶梯前缘、自动人行道踏板面或胶带面的垂直高度一般不应<0.90m，也不应>1.1m，当提升高度较大时，扶手高度不宜>1.2m 5. 扶手带中心线与平行墙面或楼板开口边缘间的距离、相邻平行交叉设置时两梯（道）之间扶手带中心线的水平距离不应<0.50m，否则应采取措施防止障碍物引起人员伤害 6. 自动扶梯的梯级、自动人行道的踏板或胶带上空，垂直净高不应<2.30m	《民用建筑设计通则》GB 50352—2005 第6.8.2条

5 建筑防水

5.1 防水材料的选择

防水材料的选择 **表 5.1**

外露使用的防水层，应选用耐紫外线、耐老化、耐候性好的防水材料，如三元乙丙橡胶防水卷材	《屋面工程技术规范》GB 50345—2012
上人屋面，应选用耐霉变、拉伸强度高的防水材料，如高分子膜自粘防水卷材、PVC 防水卷材	
长期处于潮湿环境的屋面，应选用耐腐蚀、耐霉变、耐穿刺、耐长期水浸等性能的防水材料，如改性沥青胎防水卷材	
薄壳、装配式结构、钢结构及大跨度建筑屋面，应选用耐候性好、适应变形能力强的防水材料，如聚氨酯防水涂料、三元乙丙橡胶防水卷材、SBS 改性沥青防水卷材	
倒置式屋面应选用适应变形能力强、接缝密封保证率高的防水材料，如聚氨酯防水涂料、三元乙丙橡胶防水卷材	
坡屋面应选用与基层粘结力强、感温性小的防水材料，如合成高分子防水卷材	

续表

厕浴间、厨房等室内小区域复杂部位楼地面防水，宜选用防水涂料或刚性防水材料做迎水面防水，也可选用柔性较好且易于与基层粘贴牢固的防水卷材，如单组份聚氨酯防水涂料、聚合物水泥防水砂浆	《建筑室内防水工程技术规程》CECS 196—2006
厕浴间、厨房等室内墙面防水层宜选用刚性防水材料或经表面处理后与粉刷层有较好结合性的其他防水材料，如聚合物水泥防水砂浆（干混）、益胶泥	
水池应选用具有良好的耐水性、耐腐性、耐久性和耐菌性的防水材料，如水泥基渗透结晶型防水涂料直接涂在水池底板和侧壁上。JS（聚合物）防水涂料不能用于水池防水（长期泡水会融化失效）	
高温水池宜选用刚性防水材料。选用柔性防水层时，材料应具有良好的耐热性、热老化性能稳定性、热处理尺寸稳定性，如合成高分子卷材	
处于侵蚀性介质中的地下工程，应选用耐侵蚀的防水混凝土、防水砂浆、防水卷材或防水涂料等防水材料	《地下工程防水技术规范》GB 50108—2008
结构刚度较差或受振动作用的工程，宜采用延伸率较大的卷材、涂料等柔性防水材料，如弹性体改性沥青防水卷材	

5.2 防水材料的相容性

防水材料的相容性定义及范围　表 5.2-1

定义	相邻两种材料之间互不产生有害的物理和化学作用的性能
范围	卷材、涂料和基层处理剂
	卷材与胶粘剂
	卷材与卷材复合使用
	卷材与涂料复合使用
	密封材料与接缝材料

常用防水材料的相容性　表 5.2-2

防水材料名称	相容	不相容
热熔法施工的防水卷材（如 SBS 改性沥青防水卷材）	同类防水卷材	防水涂料
溶剂型改性沥青防水卷材	SBS、APP 等改性沥青卷材	高分子类卷材，三元乙丙卷材
聚合物水泥基防水涂料 水乳型改性沥青防水涂料	任何防水材料	—
单双组份纯聚氨酯防水涂料	三元乙丙橡胶卷材 氯化聚乙烯橡胶共混卷材	自粘类防水卷材
水泥基渗透结晶型防水涂料	应直接涂在混凝土防水基层表面	不宜涂在找平层、找坡层上面

5.3 基层处理剂和胶粘剂的选用

卷材基层处理剂与胶粘剂的选用 表 5.3-1

卷材	基层处理剂	卷材胶粘剂
高聚物改性沥青防水卷材	石油沥青冷底子油或橡胶改性沥青冷胶粘剂稀释液	橡胶改性沥青冷胶粘剂或卷材生产厂家指定产品
合成高分子防水卷材	卷材生产厂家随卷材配套供应产品或指定的产品	

涂料基层处理剂的选用 表 5.3-2

涂　　料	基层处理剂
高聚物改性沥青防水涂料	石油沥青冷底子油
水乳型防水涂料	掺 0.2%～0.3%乳化剂的水溶液或软水稀释，质量比为 1∶0.5～1.1，切忌用天然水或自来水
溶剂型防水涂料	直接用相应的溶剂稀释后的涂料薄涂
聚合物水泥防水涂料	由聚合物乳液与水泥在施工现场随配随用

5.4 屋面防水

5.4.1 屋面防水等级和设防要求

屋面防水等级和设防要求
（《屋面工程技术规范》GB 50345—2012）

表 5.4.1-1

防水等级	建筑类别	设防要求
Ⅰ级	重要建筑和高层建筑	两道防水设防
Ⅱ级	一般建筑	一道防水设防

坡屋面种类和适用的防水等级（《坡屋面工程技术规范》GB 50693—2011）　表 5.4.1-2

坡屋面种类	适用的防水等级
平面沥青瓦坡屋面	二级
叠合沥青瓦坡屋面	一级和二级
块瓦坡屋面	一级和二级
波形瓦坡屋面	二级
压型金属板坡屋面	一级和二级
金属面绝热夹芯板坡屋面	二级
防水卷材坡屋面	一级和二级
装配式轻型坡屋面	一级和二级

卷材、涂膜屋面防水等级和防水做法（《屋面工程技术规范》GB 50345—2012）表 5.4.1-3

防水等级	防水做法
Ⅰ级	卷材防水层和卷材防水层、卷材防水层和涂膜防水层、复合防水层
Ⅱ级	卷材防水层、涂膜防水层、复合防水层

注：在Ⅰ级屋面防水做法中，防水层仅作单层卷材用时，应符合有关单层防水卷材屋面技术的规定。

瓦屋面防水等级和防水做法（《屋面工程技术规范》GB 50345—2012）　表 5.4.1-4

防水等级	防水做法
Ⅰ级	瓦＋防水层
Ⅱ级	瓦＋防水垫层

注：防水层厚度应符合表 5.4.4-1 中Ⅱ级防水的规定。

金属板屋面防水等级和防水做法（《屋面工程技术规范》GB 50345—2012）　表 5.4.1-5

防水等级	防水做法
Ⅰ级	压型金属板＋防水层
Ⅱ级	压型金属板、金属面绝热夹芯板

注：1. 当防水等级为Ⅰ级时，压型铝合金板基板厚度不应＜0.9mm；压型钢板基板厚度不应＜0.6mm；
2. 当防水等级为Ⅰ级时，压型金属板应采用 360°咬口锁边连接方式；
3. 在Ⅰ级防水屋面做法中，仅作压型金属板时，应符合《金属压型板应用技术规范》等相关技术的规定。

5.4.2 屋面防水基本构造层次

屋面防水构造基本层次　　表 5.4.2

屋面类型	基本构造层次（自上而下）
卷材、涂膜屋面	保护层、隔离层、防水层、保护层、保温层、（找平层）、找坡层、结构层（倒置式屋面）
	保护层、保温层、隔离层、防水层、（找平层）、找坡层、结构层（正置式屋面）
	种植隔热层、保护层、保温层、隔离层、耐根穿刺防水层、普通防水层、（找平层）、找坡层、结构层（种植屋面）
	架空隔热层、保护层、隔离层、防水层、保护层、保温层、找平层、找坡层、结构层（架空屋面）
	蓄水隔热层、保护层、隔离层、防水层、保护层、保温层、（找平层）、找坡层、结构层（蓄水屋面）
瓦屋面	块瓦、挂瓦条、顺水条、持钉层、防水层或防水垫层、保温层、结构层
	沥青瓦、持钉层、防水层或防水垫层、保温层、结构层

续表

屋面类型	基本构造层次（自上而下）
金属板屋面	压型金属板、防水垫层、保温层、承托网、支承结构
	上层压型金属板、防水垫层、保温层、底层压型金属板、支承结构
	金属面绝热夹芯板、支承结构
玻璃采光顶	玻璃面板、金属框架、支承结构
	玻璃面板、点支承装置、支承结构

注：1.（找平层）表示尽量在结构层上随捣随提浆抹平压光代替找平层。
2. 表中结构层包括混凝土基层和木基层；防水层包括卷材和涂膜防水层；保护层包括块体材料、水泥砂浆、细石混凝土保护层；隔离层一般采用聚酯纤维无纺布；
3. 有隔汽要求的屋面，应在保温层与结构层之间设隔汽层；
4. 采用结构找坡的屋面，应取消找坡层。

5.4.3 屋面防水构造层次设计要点

屋面防水构造层次设计要点　　表 5.4.3

找平层	尽量取消后做找平层，钢筋混凝土板屋面宜采取随捣随提浆抹平压光，以取代找平层	

续表

找坡层	混凝土结构层宜采用结构找坡，坡度不应小于3%	《屋面工程技术规范》GB 50345—2012
	建筑找坡不应采用一般的水泥陶粒，宜采用C25细石混凝土，最薄处可为0。若必须采用水泥陶粒，则陶粒应经过预处理，大大降低其吸水率，或采用1∶3∶5（水泥：砂：陶粒）陶粒混凝土	
防水层	防水层宜直接设置在建筑物的主体结构层上	
	防水层的基层表面应平整坚实，防水层不得设置在松散材料上面	
	倒置式屋面工程的防水等级应为Ⅰ级，防水层合理使用年限不得少于20年	《倒置式屋面工程技术规程》JGJ 230—2010
	种植屋面防水层应满足一级防水等级设防要求，且必须至少设置一道具有耐根穿刺性能的防水材料。应采用不少于两道防水设防，上道应为耐根穿刺防水材料。耐根穿刺防水材料应具有耐霉菌腐蚀性能。改性沥青类耐根穿刺防水材料应含有化学阻根剂。排（蓄）水材料不得作为耐根穿刺防水材料使用	《种植屋面工程技术规程》JGJ 155—2013
	瓦屋面檐沟、天沟的防水层，可采用防水卷材或防水涂膜，也可采用金属板材	《屋面工程技术规范》GB 50345—2012

续表

<table>
<tr><td rowspan="2">隔离层</td><td>刚性保护层与卷材、涂膜防水层之间应设置隔离层</td><td>《屋面工程技术规范》GB 50345—2012</td></tr>
<tr><td>隔离层一般采用聚酯纤维无纺布（200～300kg/m^2）</td><td></td></tr>
<tr><td rowspan="2">保护层</td><td>卷材或涂膜防水层上应设置保护层</td><td rowspan="2">《屋面工程技术规范》GB 50345—2012</td></tr>
<tr><td>保温层上面宜采用块体材料或细石混凝土做保护层</td></tr>
<tr><td rowspan="3">保温层</td><td>保温层宜选用吸水率低、密度和导热系数小，并有一定强度的保温材料</td><td>《屋面工程技术规范》GB 50345—2012</td></tr>
<tr><td>倒置式屋面工程的保温层使用年限不宜低于防水层使用年限，且不得使用松散保温材料</td><td>《倒置式屋面工程技术规程》JGJ 230—2010</td></tr>
<tr><td>屋面坡度大于100%时，宜采用内保温隔热措施</td><td>《坡屋面工程技术规范》GB 50693—2011</td></tr>
<tr><td rowspan="5">隔汽层</td><td>隔汽层应设置在结构层上、保温层下</td><td rowspan="2">《屋面工程技术规范》GB 50345—2012</td></tr>
<tr><td>隔汽层应选用气密性、水密性好的材料</td></tr>
<tr><td>倒置式屋面可不设置透气孔或排水槽</td><td>《倒置式屋面工程技术规程》JGJ 230—2010</td></tr>
<tr><td>保温隔热层铺设在装配式屋面板上时，宜设置隔汽层</td><td>《坡屋面工程技术规范》GB 50693—2011</td></tr>
<tr><td>金属板屋面在保温层的下面宜设置隔汽层，在保温层的上面宜设置防水透气膜</td><td>《屋面工程技术规范》GB 50345—2012</td></tr>
</table>

注：宁可改变构造层次和材料做法，也尽量不做隔汽层。如采用倒置式屋面做法等。

5.4.4 防水层、附加层和防水垫层最小厚度

每道卷材防水层最小厚度（mm）

（《屋面工程技术规范》GB 50345—2012）

表 5.4.4-1

防水等级	合成高分子防水卷材	高聚物改性沥青防水卷材		
		聚酯胎、玻纤胎、聚乙烯胎	自粘聚酯胎	自粘无胎
Ⅰ级	1.2	3.0	2.0	1.5
Ⅱ级	1.5	4.0	3.0	2.0

每道涂膜防水层最小厚度（mm）

（《屋面工程技术规范》GB 50345—2012）

表 5.4.4-2

防水等级	合成高分子防水涂膜	聚合物水泥防水涂膜	高聚物改性沥青防水涂膜
Ⅰ级	1.5	1.5	2.0
Ⅱ级	2.0	2.0	3.0

复合防水层最小厚度（mm）

（《屋面工程技术规范》GB 50345—2012）

表 5.4.4-3

防水等级	合成高分子防水卷材＋合成高分子防水涂膜	自粘聚合物改性沥青防水卷材（无胎）＋合成高分子防水涂膜	高聚物改性沥青防水卷材＋高聚物改性沥青防水涂膜	聚乙烯丙纶卷材＋聚合物水泥防水胶结材料
Ⅰ级	1.2＋1.5	1.5＋1.5	3.0＋2.0	(0.7＋1.3)×2
Ⅱ级	1.0＋1.0	1.2＋1.0	3.0＋1.2	0.7＋1.3

附加层最小厚度（mm）
（《屋面工程技术规范》GB 50345—2012）

表 5.4.4-4

附加层材料	最小厚度
合成高分子防水卷材	1.2
高聚物改性沥青防水卷材（聚酯胎）	3.0
合成高分子防水涂料、聚合物水泥防水涂料	1.5
高聚物改性沥青防水涂料	2.0

注：涂膜附加层应加铺胎体增强材料。

一级设防瓦屋面的主要防水垫层种类和最小厚度
（《坡屋面工程技术规范》GB 50693—2011）

表 5.4.4-5

防水垫层种类	最小厚度(mm)
自粘聚合物沥青防水垫层	1.0
聚合物改性沥青防水垫层	2.0
波形沥青通风防水垫层	2.2
SBS、APP改性沥青防水卷材	3.0
自粘聚合物改性沥青防水卷材	1.5
高分子类防水卷材	1.2
高分子类防水涂料	1.5
沥青类防水涂料	2.0
复合防水垫层（聚乙烯丙纶防水卷材＋聚合物水泥防水胶结材料）	2.0(0.7＋1.3)

5.4.5 找平层、隔离层和保护层

找平层厚度和技术要求
(《屋面工程技术规范》GB 50345—2012)

表 5.4.5-1

找平层分类	适用的基层	厚度(mm)	技术要求
水泥砂浆	整体现浇混凝土板	15～20	1∶2.5 水泥砂浆
	整体材料保温层	20～25	
细石混凝土	装配式混凝土板	30～35	C20 混凝土，宜加钢筋网片
	板状材料保温层		C20 混凝土

隔离层材料的适用范围和技术要求
(《屋面工程技术规范》GB 50345—2012)

表 5.4.5-2

隔离层材料	适用范围	技术要求
塑料膜	块体材料、水泥砂浆保护层	0.4mm 厚聚乙烯膜或 3mm 厚发泡聚乙烯膜
无纺布	块体材料、水泥砂浆保护层	200g/m^2 聚酯无纺布
卷材	块体材料、水泥砂浆保护层	石油沥青卷材一层

保护层材料的适用范围和技术要求
（《屋面工程技术规范》GB 50345—2012）

表 5.4.5-3

保护层材料	适用范围	技术要求
浅色涂料	不上人屋面	丙烯酸系反射涂料
铝箔	不上人屋面	0.5mm 厚铝箔反射膜
矿物粒料	不上人屋面	不透明的矿物粒料
水泥砂浆	上人屋面	20mm 厚 1∶2.5 或 M15 水泥砂浆
块体材料	上人屋面	地砖或 30mm 厚 C20 细石混凝土预制块
细石混凝土	上人屋面	40mm 厚 C20 细石混凝土或 50mm 厚 C20 细石混凝土内配 ϕ4@100 双向钢筋网片

5.4.6 耐根穿刺防水层

耐根穿刺防水材料和最小厚度（《种植屋面工程技术规程》JGJ 155—2013）　表 5.4.6

耐根穿刺防水材料种类	最小厚度(mm)
弹性体(SBS)改性沥青防水卷材	4.0
塑性体(APP)改性沥青防水卷材	4.0
聚氯乙烯(PVC)防水卷材	1.2
热塑性聚烯烃(TPO)防水卷材	1.2

续表

耐根穿刺防水材料种类	最小厚度(mm)
高密度聚乙烯土工膜	1.2
三元乙丙橡胶(EPDM)防水卷材	1.2
聚乙烯丙纶防水卷材＋聚合物水泥胶结料	(0.6＋1.3)×2
聚脲防水涂料	2.0

5.5 外墙防水

5.5.1 外墙防水层位置和防水材料

外墙防水层位置和防水材料（《建筑外墙防水工程技术规程》JGJ/T 235—2011） 表 5.5.1

	饰面种类	防水层位置	防水材料
无外保温外墙	涂料饰面	找平层和涂料饰面层之间	聚合物水泥防水砂浆或普通防水砂浆
	块材饰面	找平层和块材粘结层之间	聚合物水泥防水砂浆或普通防水砂浆
	幕墙饰面	找平层和幕墙饰面之间	聚合物水泥防水涂料、聚合物乳液防水涂料或聚氨酯防水涂料

续表

	饰面种类	防水层位置	防水材料
外保温外墙	涂料饰面	保温层和墙体基层之间	聚合物水泥防水砂浆或普通防水砂浆
	块材饰面	保温层和墙体基层之间	聚合物水泥防水砂浆或普通防水砂浆
	幕墙饰面	找平层上	聚合物水泥防水涂料、聚合物乳液防水涂料或聚氨酯防水涂料；当外墙保温层选用矿物棉保温材料时，防水层宜采用防水透气膜

注：1. 外保温外墙不宜采用块材饰面，采用时应采取安全措施。
2. 表中的外保温外墙适用于独立的整体保温系统。当外墙外保温采用保温砂浆等非憎水性的保温材料时，防水层应设在保温层外。

5.5.2 外墙防水构造层次设计要点

外墙防水构造层次设计要点　　表 5.5.2

防水层	建筑外墙的防水层应设置在迎水面	《建筑外墙防水工程技术规程》JGJ/T 235—2011
	外墙防水层应与地下墙体防水层搭接	
	防水层宜用聚合物水泥砂浆	《广东省住宅工程质量通病防治技术措施二十条》
	砂浆防水层中可增设耐碱玻璃纤维网布或热镀锌电焊网增强，并宜用锚栓固定于结构墙体中	《建筑外墙防水工程技术规程》JGJ/T 235—2011

续表

找平层	找平层水泥砂浆宜掺防水剂、抗裂剂、减水剂等外加剂	《广东省住宅工程质量通病防治技术措施二十条》
	找平层每层抹灰厚度≤10mm，抹灰厚度≥35mm时应有挂网等防裂防空鼓措施	
其他	不同结构材料的交接处应采用每边≥150mm的耐碱玻璃纤维网布或热镀锌电焊网作抗裂增强处理	《建筑外墙防水工程技术规程》JGJ/T 235—2011
	外墙从基体表面开始至饰面层应留分隔缝，间隔宜为3×3m，可预留或后切，金属网、找平层、防水层、饰面层应在相同位置留缝，缝宽不宜>10mm，也不宜<5mm，切缝后宜采用空气压缩机具吹除缝内粉末，嵌填高弹性耐候胶	《广东省住宅工程质量通病防治技术措施二十条》

5.6 室内和水池防水

5.6.1 室内防水做法选材

室内防水做法选材　　表 5.6.1

1. 厨房、阳台	防水层	楼地面、墙面：聚合物水泥防水砂浆 3～5 厚
	饰面层	瓷砖或按设计
2. 游泳池、水池	防水层	底板、侧壁：水泥基渗透结晶型防水涂料 1.5kg/m^2
	找平层	底板、侧壁：聚合物水泥防水砂浆 3～5 厚
	饰面层	瓷砖
3. 浴室	同卫生间	

5.6.2 室内和水池防水构造层次设计要点

室内和水池防水构造层次设计要点　　表 5.6.2

室内	厕浴间、厨房有较高防水要求时，应做两道防水层	《建筑室内防水工程技术规程》CECS 196—2006

续表

室内	厕浴间、厨房四周墙根防水层泛水高度应≥250mm，其他墙面防水以可能溅到水的范围为基准向外延伸不应＜250mm。浴室花洒喷淋的临墙面防水高度不得低于2m。厕浴间的地面防水层应延伸至门外500mm范围内	《建筑室内防水工程技术规程》CECS 196—2006
	有填充层的厨房、下沉式卫生间，宜在结构板面和地面饰面层下设置两道防水层	
	长期处于蒸汽环境下的室内，所有的墙面、楼地面和顶面均应设置防水层	
水池	池体宜采用防水混凝土，抗渗等级经计算后确定，但不应低于S6。混凝土厚度不应＜200mm。对刚度较好的小型水池，池体混凝土厚度不应＜150mm	
	室内游泳池等水池，应设置池体附加内防水层。受地下水或地表水影响的地下池体，应做内外防水处理	

5.6.3 室内防水保护层材料及厚度

室内防水保护层材料及厚度（《建筑室内防水工程技术规程》CECS 196—2006） 表5.6.3

地面饰面层种类	保护层
石材、厚质地砖	≥20mm厚的1∶3水泥砂浆
瓷砖、水泥砂浆	≥30mm厚的细石混凝土

5.7 地下工程防水

5.7.1 地下工程防水等级

不同防水等级的适用范围（《地下工程防水技术规范》GB 50108—2008） 表5.7.1

防水等级	适用范围
一级	人员长期停留的场所；因有少量湿渍会使物品变质、失效的贮物场所及严重影响设备正常运转和危及工程安全运营的部位；极重要的战备工程、地铁车站
二级	人员正常活动的场所；在有少量湿渍的情况下不会使物品变质、失效的贮物场所及基本不影响设备正常运转和工程安全运营的部位；重要的战备工程
三级	人员临时活动的场所；一般战备工程
四级	对渗漏水无严格要求的工程

5.7.2 防水混凝土

防水混凝土设计抗渗等级（《地下工程防水技术规范》GB 50108—2008） 表 5.7.2

工程埋置深度 H（m）	设计抗渗等级
$H<10$	P6
$10\leqslant H<20$	P8
$20\leqslant H<30$	P10
$H\geqslant 30$	P12

5.7.3 地下室防水基本构造层次

地下室底板防水基本构造层次（自上而下） 表 5.7.3-1

构造层次	材　　料
内饰面层	水泥砂浆；细石混凝土；地砖；其他
结构自防水层（底板）	防水混凝土（强度等级≥C20，抗渗等级按表 5.7.2 确定，厚度≥400mm）
保护层	50 厚 C20 细石混凝土
防水层	防水卷材
找平层	宜采用随浇随压实抹光做法
垫层	100～150 厚 C15 混凝土

地下室侧壁防水基本构造层次（自内而外）

表 5.7.3-2

构造层次	材　　料
内饰面层	水泥砂浆；面砖；其他
结构自防水层（侧壁）	防水混凝土（强度等级≥C20，抗渗等级按表 5.7.2 确定，厚度≥250mm）
找平层	涂刮一道聚合物水泥砂浆（封堵表面气泡孔）
防水层	防水卷材或防水涂料
保护层	软质保护材料或铺抹 1∶3 水泥砂浆

地下室顶板防水基本构造层次（自上而下）

表 5.7.3-3

构造层次	材　　料
面层	沥青；细石混凝土；地砖；花岗岩；种植土；其他
保护层	50mm 厚（无种植）或 70mm 厚（有种植）C20 细石混凝土，双向 ϕ6@150
隔离层	聚酯毡；无纺布；卷材
防水层	种植顶板：耐根穿刺防水卷材＋普通防水层；非种植顶板：两层普通防水层
找平（坡）层	水泥砂浆；细石混凝土

续表

构造层次	材　　料
结构自防水层（顶板）	防水混凝土（强度等级≥C20，抗渗等级按表5.7.2确定，壁厚按计算）
内饰面层	水泥砂浆；腻子；其他

注：地下工程种植顶板防水尚应符合种植屋面的防水要求。

5.7.4 地下工程防水材料适用范围及技术要求

地下工程防水材料适用范围及技术要求
（《地下工程防水技术规范》GB 50108—2008）

表5.7.4

材料	适用范围	技术要求
水泥砂浆	主体结构的迎水面或背水面。不应用于受持续振动或温度高于80℃的地下工程防水	
防水卷材	混凝土结构的迎水面	用于附建式地下室时，应铺设在结构底板垫层至墙体设防高度的结构基面上；用于单建式的地下工程时，应从结构底板垫层铺设至顶板基面，并应在外围形成封闭的防水层。应铺设卷材加强层

续表

材料	适用范围	技术要求
无机防水涂料	主体结构的背水面	
有机防水涂料	主体结构的迎水面	宜采用外防外涂或外防内涂；埋置深度较深的重要工程、有振动或较大变形的工程，宜选用高弹性防水涂料冬季施工宜选用反应型涂料；有腐蚀性的地下环境宜选用耐腐蚀性较好的有机防水涂料，并应做刚性保护层；聚合物水泥防水涂料应选用Ⅱ型产品
塑料防水板	宜用于经常受水压、侵蚀性介质或受振动作用的地下工程	防水层应由塑料排水板与缓冲层组成
金属防水板	可用于长期浸水、水压较大的水工及过水隧道	应采取防锈措施

续表

材料	适用范围	技术要求
膨润土防水层	应用于地下工程主体结构的迎水面	防水层两侧应具有一定的夹持力；应用于 pH 值为 4～10 的地下环境，含盐量较高的地下环境应采用经过改性处理的膨润土，并应经检测合格后使用 基层混凝土强度等级不得小于 C15，水泥砂浆强度不得低于 M7.5

5.7.5 地下工程防水材料厚度

地下工程防水材料厚度《地下工程防水技术规范》GB 50108—2008　　表 5.7.5

材料		厚度（mm）	
水泥砂浆	聚合物水泥防水砂浆	单层施工 6～8 双层施工 10～12	
	掺外加剂或掺和料的防水砂浆	18～20	
高聚物改性沥青类防水卷材	弹性体改性沥青防水卷材	单层	≥4
		双层	≥（4+3）
	改性沥青聚乙烯胎防水卷材	单层	≥4
		双层	≥（4+3）
	自粘聚酯胎聚合物改性沥青防水卷材	单层	≥3
		双层	≥（3+3）
	自粘聚合物改性沥青防水卷材	单层	≥1.5
		双层	≥（1.5+1.5）

续表

<table>
<tr><th colspan="2">材料</th><th colspan="2">厚度（mm）</th></tr>
<tr><td rowspan="8">合成高分子类防水卷材</td><td rowspan="2">三元乙丙橡胶防水卷材</td><td>单层</td><td>≥1.5</td></tr>
<tr><td>双层</td><td>≥（1.2+1.2）</td></tr>
<tr><td rowspan="2">聚氯乙烯防水卷材</td><td>单层</td><td>≥1.5</td></tr>
<tr><td>双层</td><td>≥（1.2+1.2）</td></tr>
<tr><td rowspan="2">聚乙烯丙纶复合防水卷材</td><td>单层</td><td>卷材≥0.9
黏结料≥1.3
芯材≥0.6</td></tr>
<tr><td>双层</td><td>卷材≥（0.7+0.7）
黏结料≥（1.3+1.3）
芯材≥0.5</td></tr>
<tr><td rowspan="2">高分子自粘胶膜防水卷材</td><td>单层</td><td>≥1.2</td></tr>
<tr><td>双层</td><td>—</td></tr>
<tr><td rowspan="2">无机防水涂料</td><td>掺外加剂、掺和料的水泥基防水涂料</td><td colspan="2">3.0</td></tr>
<tr><td>水泥基渗透结晶型防水涂料</td><td colspan="2">1.0（用量不应小于1.5kg/m²）</td></tr>
<tr><td rowspan="3">有机防水涂料</td><td>反应性</td><td colspan="2" rowspan="3">1.2</td></tr>
<tr><td>水乳型</td></tr>
<tr><td>聚合物水泥</td></tr>
<tr><td>塑料防水板</td><td></td><td colspan="2">≥1.2</td></tr>
<tr><td>金属防水板</td><td></td><td colspan="2"></td></tr>
<tr><td rowspan="2">膨润土防水层</td><td>膨润土防水毯</td><td colspan="2" rowspan="2"></td></tr>
<tr><td>膨润土防水板</td></tr>
</table>

5.7.6 地下室内防水的前提条件及构造做法

地下室内防水的前提条件与构造做法

表 5.7.6

<table>
<tr><td rowspan="3">内防水的前提条件</td><td colspan="2">地下水位较低</td></tr>
<tr><td colspan="2">地基土壤无腐蚀性或只有微腐蚀性</td></tr>
<tr><td colspan="2">土壤氡浓度符合规定要求</td></tr>
<tr><td rowspan="3">内防水一般做法</td><td>基层</td><td>自防水混凝土（应适当加大其厚度及抗渗等级≥P8）</td></tr>
<tr><td rowspan="2">防水层（两道）</td><td>水泥基渗透结晶型防水涂料（1.5kg/m²）</td></tr>
<tr><td>聚合物水泥防水砂浆 10mm 厚</td></tr>
</table>

5.8 附录

防水设计的安全评审（深圳市） 表 5.8

<table>
<tr><td rowspan="2">评审范围</td><td>一级设防或防水面积超过 10000m² 的屋面防水工程</td></tr>
<tr><td>地下防水工程三层（含三层）以上或防水面积超过 15000m² 的地下防水工程</td></tr>
<tr><td>评审专家</td><td>由深圳市防水专业委员会组织防水专家（5 人以上）进行评审</td></tr>
</table>

续表

评审要点	防水等级的正确性。特别注意，地下室内靠外墙边的设备用房的防水等级应为一级
	防水材料选择的正确性：区域气候的适应性，施工环境的适应性，防水材料的相容性，防水材料的厚度要求等
	防水构造做法的安全可靠及经济合理性：构造层次的数量及顺序合理、安全可靠、适用经济
	节点详图：适用、合理、安全、可靠、经济

6 门窗、幕墙安全设计

6.1 门窗防火防排烟

门窗防火防排烟 **表 6.1**

<table>
<tr><td rowspan="9">门窗防火防排烟</td><td colspan="2">防火门窗的玻璃宜采用单片防火玻璃，或由其组成的中空、夹层玻璃；不宜采用复合防火玻璃（灌浆法或防火胶粘贴而成）</td></tr>
<tr><td colspan="2">或具有火灾时能自行关闭功能的窗</td></tr>
<tr><td colspan="2">需自然排烟的场所的外窗，其可开启面积应符合以下规定</td></tr>
<tr><td>自然排烟的楼梯间</td><td>每 5 层内≥$2m^2$</td></tr>
<tr><td>自然排烟的前室、合用前室</td><td>前室≥$2m^2$，合用前室≥$3m^2$</td></tr>
<tr><td>长度 $L\leqslant 60m$ 的内走道</td><td>≥2%走道面积</td></tr>
<tr><td>净空高度＜12m 的中庭天窗或高侧窗</td><td>≥5%中庭地面面积</td></tr>
<tr><td>自然排烟的房间</td><td>≥2%房间面积</td></tr>
<tr><td colspan="2">附注：排烟窗宜设置在上方，并应有方便开启的装置</td></tr>
</table>

6.2 门窗构造安全设计

门窗构造安全设计　　表 6.2

<table>
<tr><td rowspan="9">门窗构造安全设计</td><td rowspan="3">防盗防外跌</td><td>推拉窗应有防止脱落的限位装置和防止从室外侧拆卸的装置，导轮应采用铜或不锈钢导轮</td></tr>
<tr><td>开启窗应带窗锁、执手等锁闭器具</td></tr>
<tr><td>凸窗和窗台高度<900mm 的窗及落地窗应采取安全防护措施</td></tr>
<tr><td rowspan="3">安全玻璃</td><td>≥7 层（或 H>20m）的建筑外开窗</td></tr>
<tr><td>面积>1.5m^{2}的门窗玻璃</td></tr>
<tr><td>落地窗、玻璃窗离地高度<500mm 的门窗</td></tr>
<tr><td rowspan="2">防玻璃热炸裂</td><td>易受撞击、冲击而造成人体伤害的门窗</td></tr>
<tr><td>除半钢化、钢化玻璃外，均应进行玻璃热炸裂设计计算</td></tr>
<tr><td>防碰伤人</td><td>位于阳台、走廊处的窗宜采用推拉窗或其他措施以防开窗时碰伤人</td></tr>
</table>

6.3 采光屋顶（天窗）安全设计

采光屋顶（天窗）安全设计　　表 6.3

<table>
<tr><td rowspan="3">采光屋顶（天窗）安全设计</td><td>天窗离地>3m</td><td>应采用钢化夹层玻璃，玻璃总厚度≥8.76mm，其中夹层胶片 PVB 厚度≥0.76mm</td></tr>
<tr><td>天窗离地≤3m</td><td>可采用≥6m 厚钢化玻璃</td></tr>
<tr><td>优化建议</td><td>采光屋顶（天窗）宜采用钢化夹层玻璃，采用夹层中空玻璃时，夹层玻璃应放在底面</td></tr>
</table>

6.4 门窗玻璃面积及厚度的规定

玻璃门窗、室内隔断、栏杆、屋顶等安全玻璃的选用

表 6.4-1

<table>
<tr><th>应用部位</th><th>应用条件</th><th colspan="2">玻璃种类、规格要求</th></tr>
<tr><td rowspan="2">活动门
固定门
落地窗</td><td>有框</td><td colspan="2">应符合表 6.4-2 的规定</td></tr>
<tr><td>无框</td><td colspan="2">应使用公称厚度≥12mm 的钢化玻璃</td></tr>
<tr><td rowspan="2">室内隔断</td><td>有框</td><td colspan="2">应符合表 6.4-2 的规定，且公称厚度≥5mm的钢化玻璃或公称厚度≥6.38mm 的夹层玻璃</td></tr>
<tr><td>无框</td><td colspan="2">应符合表 6.4-2 的规定，且公称厚度≥10mm 的钢化玻璃；浴室内无框玻璃隔断应选用公称厚度≥5mm 的钢化玻璃</td></tr>
<tr><td rowspan="4">室内栏板</td><td>不承受
水平荷载</td><td colspan="2">应符合表 6.4-2 的规定，且公称厚度≥5mm 的钢化玻璃或公称厚度≥6.38mm 的夹层玻璃</td></tr>
<tr><td rowspan="3">承受
水平荷载</td><td colspan="2">应符合表 6.4-2 的规定，且公称厚度≥12mm 的钢化玻璃或公称厚度≥16.78mm 的钢化夹层玻璃</td></tr>
<tr><td>3m≤栏板玻璃最低点离一侧楼地面高度≤5m</td><td>应选用公称厚度≥16.78mm 的钢化夹层玻璃</td></tr>
<tr><td>栏板玻璃最低点离一侧楼地面高度>5m</td><td>不得使用承受水平荷载的栏板玻璃</td></tr>
</table>

续表

应用部位	应用条件	玻璃种类、规格要求	
屋面	当屋面玻璃最高点离地面的高度≤3m	均质钢化玻璃或夹层玻璃	
	当屋面玻璃最高点离地面的高度>3m	必须使用夹层玻璃，其胶片厚度≥0.76mm	
玻璃地板	框支承	夹层玻璃，单片玻璃厚度不宜<8mm	单片厚度相差不宜>3mm，夹层胶片厚度≥0.76mm
	点支承	钢化夹层玻璃，钢化玻璃需进行均质处理，单片玻璃厚度不宜<8mm	
水下用玻璃	—	应选用夹层玻璃	

注：本表摘自《建筑玻璃应用技术规程》JGJ 113—2009。

安全玻璃的厚度与窗面积的关系 表 6.4-2

玻璃种类	公称厚度（mm）	最大许用面积（m^2）
钢化玻璃	4	2.0
	5	3.0

续表

玻璃种类	公称厚度（mm）	最大许用面积（m^2）
钢化玻璃	6	4.0
	8	6.0
	10	8.0
	12	9.0
夹层玻璃	6.38，6.76，7.52（3+3）	3.0
	8.38，8.76，9.52（4+4）	5.0
	10.38，10.76，11.52（5+5）	7.0
	12.38，12.76，13.52（6+6）	8.0

有框架的平板玻璃、真空玻璃和夹丝玻璃的厚度与窗面积的关系　　表 6.4-3

玻璃种类	公称厚度（mm）	最大许用面积（m^2）
有框平板玻璃 真空玻璃	3	0.1
	4	0.3
	5	0.5
	6	0.9
	8	1.8
	10	2.7
	12	4.5
夹丝玻璃	6	0.9
	7	1.8
	10	2.4

注：本表摘自《建筑玻璃应用技术规程》JGJ 113—2009。

6.5 消防救援窗设计

消防救援窗设计　　表 6.5

定义	消防救援窗是指设置在厂房、仓库、公共建筑的外墙上，便于消防队员迅速进入建筑内部，有效开展人员救助和灭火行动的外窗
设置位置	位于消防登高面一侧建筑的外墙上
洞口尺寸	净宽≥1.0m　净高≥1.0m　窗台高度≤1.2m
设置数量	沿建筑外墙逐层设置，间距≤20m，每个防火分区≥2 个
窗玻璃及标志	窗玻璃应易于破碎，并在外侧设置易于识别的明显标志

6.6 建筑幕墙安全应用的规定

建筑幕墙安全应用规定　　表 6.6

慎用玻璃幕墙	1. 毗邻住宅、医院、保密单位等的建筑 2. 城市中规定的历史街区、文物保护区和风景名胜区内 3. 位于红树林保护区及其他鸟类保护区周边的高层建筑
不宜采用玻璃幕墙	1. 城市道路的交叉路口处 2. 城市主干道、立交桥、高架桥两侧的建筑物 20m 高度以下部位 3. 其余路段 10m 高度以下部位

续表

禁用全隐框玻璃幕墙	1. 人口密集、流动性大的商业中心、交通枢纽、公共文化体育设施等场所 2. 临近道路、广场及下部为出入口人员通道的建筑
建筑幕墙设计原则	综合考虑城市景观、周边环境及建筑性质和使用功能等因素；按照安全、环保和节能等合理控制幕墙的类型、形状和面积

注：本表规定摘自住建部、深圳市、防火规范、幕墙规范等建筑幕墙的有关规定条文

6.7 建筑幕墙安全措施

建筑幕墙安全措施 **表 6.7**

建筑幕墙安全措施	防火	1. 应在每层楼板外沿设置高度≥0.8m（有自动灭火）和≥1.2m（无自动灭火）的不燃实体墙或防火玻璃墙 2. 幕墙与每层楼板、隔墙处的缝隙应采用防火材料（玻璃棉、岩棉等）封堵
	安全玻璃	凡玻璃幕墙均必须采用安全玻璃 人员密集、流动性大的重要公共建筑的幕墙玻璃面板，倾斜或倒挂的幕墙玻璃，必须采用夹层玻璃
	防撞护栏	与幕墙相邻的楼面外缘无实体墙时，应设置防撞护栏
	防坠落伤人	幕墙下的出入口处周边区域，应设置绿化带或裙房等缓冲区域，或采取挑檐、顶棚、雨篷等防护措施

续表

建筑幕墙安全措施	中空玻璃的第二道密封胶	必须采用硅酮结构密封胶
	开启扇	开启角度≤30° 开启距离≤300mm 开启扇面积≤1.5m²

附录A 建筑幕墙初步设计方案专项安全论证（深圳市规定）

A.1 专项安全论证范围

专项安全论证范围	1. 面积>10000m²的单体幕墙
	2. 高度>50m的幕墙

A.2 专项安全论证的要求

专项安全论证的要求	1. 由幕墙设计单位提供幕墙安全性报告及其PPT
	2. 由建设单位邀请深圳市建筑门窗幕墙学会的5位专家进行开会论证
	3. 专家经认真研究讨论形成专家论证意见
	4. 幕墙设计单位根据专家论证意见对幕墙初步设计方案进行修改、优化和完善，完成幕墙施工图设计文件

A.3 建筑幕墙初步设计方案安全性报告编写要求

安全性报告	工程概况、设计依据、各幕墙系统介绍（含所在高度、位置、面积、类型、性能指标、材料选取等）、主要幕墙材料设计取值（应含石材、人造板、化学螺栓或膨胀螺栓等）、幕墙结构计算说明（取值，所用软件，计算结果等）
安全性分析	1. 符合建标【2015】38号文和深建物业【2016】43号文的说明
	2. 非常规幕墙（包括大跨度幕墙、大跨度采光顶、大跨度拉索幕墙、倾斜幕墙、大型悬挑雨篷、大尺寸凹凸幕墙、幕墙上大装饰条、大遮阳板、大附着物、幕墙中的钢结构等）的结构安全性说明
	3. 幕墙玻璃的安全性
	4. 幕墙开启窗的安全性
	5. 幕墙设计取值的安全性
	6. 幕墙防火的安全性
	7. 其他幕墙安全性问题
三维视图	主要的平立面、幕墙系统大样图和节点图等，特别需要说明的地方宜提供三维视图
计算书	幕墙系统主要计算荷载取值、主要幕墙系统中受力的面板、杆件或构件的结构计算等
效果图	整体效果图和与设计安全性有关的重点部位效果图

7 建筑结构安全设计

7.1 抗震等级要求

类别	标　准	技术要求	规范依据
特殊设防类	指使用上有特殊设施，涉及国家公共安全的重大建筑工程和地震时可能发生严重次生害后果，需要进行特殊设防的建筑。简称甲类	应按高于本地区抗震设防烈度一度的要求加强其抗震措施；但抗震设防烈度为9度时应按比9度更高的要求采取抗震措施。同时，应按批准的地震安全性评估的结果且高于本地区抗震设防烈度的要求确定其地震作用	根据《建筑工程抗震设防分类标准》GB 50223—2004第3.0.2条
重点设防类	指地震时使用功能不能中断或需尽快恢复的生命线相关建筑，以及地震时可能导致大量人员伤亡等重大灾害后果，需要提高设防标准的建筑。简称乙类	应按高于本地区抗震设防烈度一度的要求加强其抗震措施；但抗震设防烈度为9度时应按比9度更高的要求采取抗震措施；地基基础的抗震措施，应符合有关规定。同时，应按本地区抗震设防烈度确定其地震作用	

续表

类别	标 准	要 求	规范依据
标准设防类	指大量的除特殊设防类、重点设防类、适度设防类以外按标准要求进行设防的建筑。简称丙类	应按本地区抗震设防烈度确定其抗震措施和地震作用，达到在遭遇高于当地抗震设防烈度的预估罕遇地震影响时不致倒塌或发生危及生命的严重破坏的抗震目标	根据《建筑工程抗震设防分类标准》GB 50223—2004 第3.0.2条
适度设防类	指使用上人员稀少且震损不致产生次生灾害，允许在一定条件下适度降低要求的建筑。简称丁类	允许按照本地区抗震设防烈度的要求适当降低其抗震措施，但抗震设防烈度为6度时不应降低。一般情况下，应按本地区抗震设防烈度确定其地震作用	

7.2 公共建筑重点的设防类

建筑类别	范 围	抗震设防烈度	规范依据
医院建筑	三级医院中承接特别重要医疗任务的门诊、医技、住院用房	特殊设防类	根据《建筑工程抗震设防分类标准》GB 50223—2004 第4.0.3条
	二、三级医院的门诊、医技、住院用房，具有外科手术室或急诊科的乡镇卫生院的医疗用房，县级及以上急救中心的指挥、通信、运输系统的重要建筑，县级及以上的独立采供血机构的建筑	重点设防类	

续表

建筑类别	范　围	抗震设防烈度	规范依据
体育建筑	特大型的体育场、大型、观众席容量很多的中型体育场和体育馆（含游泳馆）	重点设防类	根据《建筑工程抗震设防分类标准》GB 50223—2004 第6条
文化娱乐建筑	大型的电影院、剧场、礼堂、图书馆的视听室和报告厅、文化馆的观演厅和展览厅、娱乐中心	重点设防类	
商业	人流密集的大型的多层商场	重点设防类	
博物馆和档案馆	大型博物馆，存放国家一级文物的博物馆，特级、甲级档案馆	重点设防类	
会展建筑	大型展览馆、会展中心	重点设防类	
教育建筑	幼儿园、小学、中学的教学用房以及学生宿舍和食堂	不低于重点设防类	
科学实验楼	研究、中试生产和存放具有高放射性物品以及剧毒的生物制品、化学制品、天然人工细菌、病毒（如鼠疫、霍乱、伤寒和新发高危险传染病等）的建筑	特殊设防类	
电子信息中心	省部级编制和储存重要信息的建筑	重点设防类	
高层建筑	结构单元内经常使用人数超过8000人	重点设防类	
居住建筑		不应低于标准设防类	

注：参照《建筑工程抗震设防分类标准》GB 50223—2004。

7.3 变形缝的设置

7.3.1 伸缩缝

砌体房屋结构伸缩缝最大间距（m）

表 7.3.1-1

<table>
<tr><th colspan="2">屋盖或楼盖类别</th><th>间距</th><th>规范依据</th></tr>
<tr><td rowspan="2">整体式或装配整体式钢筋混凝土结构</td><td>有保温层或隔热层的屋盖、楼盖</td><td>50</td><td rowspan="7">《混凝土结构设计规范》GB 50010—2010 第8.1.1条</td></tr>
<tr><td>无保温层或隔热层的屋盖</td><td>40</td></tr>
<tr><td rowspan="2">装配式无檩条系钢筋混凝土结构</td><td>有保温层或隔热层的屋盖、楼盖</td><td>60</td></tr>
<tr><td>无保温层或隔热层的屋盖</td><td>50</td></tr>
<tr><td rowspan="2">装配式有檩条系钢筋混凝土结构</td><td>有保温层或隔热层的屋盖</td><td>75</td></tr>
<tr><td>无保温层或隔热层的屋盖</td><td>60</td></tr>
<tr><td colspan="2">瓦材屋盖、木屋盖或楼盖、轻钢屋盖</td><td>100</td></tr>
</table>

钢筋混凝土结构伸缩缝最大间距（m）

表 7.3.1-2

<table>
<tr><th>结构类别</th><th></th><th>室内或土中</th><th>露天</th><th>规范依据</th></tr>
<tr><td rowspan="2">框架结构</td><td>装配式</td><td>75</td><td>50</td><td rowspan="4">《混凝土结构设计规范》GB 50010—2010 第8.1.1条</td></tr>
<tr><td>现浇式</td><td>55</td><td>35</td></tr>
<tr><td rowspan="2">剪力墙结构</td><td>装配式</td><td>65</td><td>40</td></tr>
<tr><td>现浇式</td><td>45</td><td>30</td></tr>
</table>

续表

结构类别		室内或土中	露天	规范依据
挡土墙、地下室墙壁等类结构	装配式	40	30	《混凝土结构设计规范》GB 50010—2010 第8.1.1条
	现浇式	30	20	

注：1. 框架-剪力墙结构或框架-核心筒结构伸缩缝可根据结构具体布置情况取表中框架结构与剪力墙结构之间的数值。
2. 屋面无保温或隔热措施时，框架结构、剪力墙结构的伸缩缝宜按表中露天栏数值取值。
3. 现浇挑檐、雨篷等外露结构的伸缩缝间距不宜大于12m。

7.3.2 沉降缝

房屋沉降缝的宽度（mm） **表7.3.2**

房屋层数	沉降缝宽度（mm）	规范依据
二至三层	50～80	《建筑地基基础设计规范》GB 50007—2011 第7.3.2条
四至五层	80～120	
五层以上	不小于120	

7.3.3 防震缝

防震缝最小宽度（m） **表7.3.3**

结构体系	沉降缝宽度（mm）	规范依据
框架结构	当高度 H 不超过15m时，宽度100mm 高度 H 超过15m，6＼7＼8＼9度时，分别每增加高度5m＼4m＼3m＼2m，宜加宽20mm	《建筑抗震设计规范》GB 50011—2010（2016版）第6.1.4条

续表

结构体系	沉降缝宽度（mm）	规范依据
框架-抗震墙	按框架结构规定数值70%取值，且不宜<100mm	《建筑抗震设计规范》GB 50011—2010（2016版）第6.1.4条
抗震墙结构	按框架结构规定数值50%取值，且不宜<100mm 如抗震缝两侧结构类型不同时，宜按需要较宽防震缝的结构类型和较低房屋高度确定宽度	

8 建筑设备安全设计

8.1 给排水设备

<table>
<tr><th colspan="2">类别</th><th>技术要求</th><th>规范依据</th></tr>
<tr><td rowspan="2">设备房要求</td><td>水泵房</td><td>1. 泵房应有充足的光线和良好的通风，并保证在冬季设备不发生冻结。
2. 给水泵房、排水泵房不得设置在有安静要求的房间上面、下面和毗邻的房间内；泵房内应设排水设施，地面应设防水层；墙面和顶面应采取隔声措施。生活泵房内的环境应满足卫生要求。
3. 水泵基础应设隔振装置，吸水管和出水管上应设隔振减噪声装置，管道支架、管道穿墙及穿楼板处应采取防固体传声措施，必要时可在泵房建筑上采取隔声吸声措施。
4. 有水设备房间应设置排水设施及防水措施，门口应设置门槛</td><td rowspan="2">1. 《民用建筑设计通则》GB 50352—2005
2. 《建筑设计防火规范》GB 50016—2014
3. 《建筑给水排水设计规范》GB 50015—2003（2009版）
4. 《室外给水设计规范》GB 50013—2006（2014版）
5. 《室外排水设计规范》GB 50014—2006（2014版）</td></tr>
<tr><td>水处理站</td><td>污水处理站、中水处理站的设置应符合下列要求：
1. 建筑小区污水处理站、中水处理站宜布置在基地主导风向的下风向处，且宜在地下独立设置。
2. 以生活污水为原水的地面处理站与公共建筑和住宅的距离不宜<15m，建筑物内的中水处理站宜设在建筑物的最底层，建筑群（组团）的中水处理站宜设在其中心建筑的地下室或裙房内</td></tr>
</table>

续表

类别		技术要求	规范依据
设备房要求	热水机房	1. 机房宜与其他建筑物分离独立设置。当设在建筑物内时，不应设置在人员密集场所的上、下层或紧邻，应布置在靠外墙部位，其疏散门应直通安全出口。在外墙开口部位的上方，应设置宽度≥1.0m的不燃烧体防火挑檐。 2. 机房顶部及墙面应做隔声处理。地面应做防水处理。 3. 高层建筑内的燃气供气管道应有专用竖井，井壁上的检修门应为丙级防火门。 4. 日用油箱应设在单独房间内，墙体耐火等级不应低于二级，房间门应采用甲级防火门，并设挡油措施	1. 《民用建筑设计通则》GB 50352—2005 2. 《建筑设计防火规范》GB 50016—2014 3. 《建筑给水排水设计规范》GB 50015—2003（2009版） 4. 《室外给水设计规范》GB 50013—2006（2014版） 5. 《室外排水设计规范》GB 50014—2006（2014版）
设施要求	给水设施	1. 建筑给水应采用节水型低噪声卫生器具和水嘴；当分户计量时，宜设水表间。 2. 建筑物内的生活饮水水池（箱）体应采用独立结构形式，不得利用建筑物的本体结构作为水池（箱）的壁板、底板及顶盖。并应远离卫生环境不良的房间，防止生活饮用水被污染。与其他用水水池（箱）并列设置时，应有各自独立的分隔墙。 3. 生活饮用水池（箱）的材质、衬砌材料和内壁涂料不得影响水质。 4. 埋地生活饮用水贮水池周围10m以内，不得有化粪池、污水处理构筑物、渗水井、垃圾堆放点等污染源，周围2m以内不得有污水管和污染物。 5. 生活热水的热源应遵循国家或地方有关规定利用太阳能，新建建筑太阳能集热器的设置必须与建筑设计一体化	

续表

类别		技术要求	规范依据
设施要求	排水设施	1. 建筑物内生活污水如需化粪池处理时，粪便污水与淋浴洗脸等废水要分开排放。 2. 建筑物内生活污水管道和生产污水管道应与建筑内雨水管道分开。 3. 公共餐厅厨房污水应经隔油池处理后再排放。医院污水应处理后排放。 4. 含有有毒、有害物质的污水以及需要回收利用的污水应分开排放。 5. 生活废水需回收利用时与生活污水应分流排放。 6. 化粪池距离地下取水构筑物应＞30m。化粪池外壁距建筑物外墙宜≥5m，并不得影响建筑物基础。 7. 屋顶雨水排水，应以变形缝作为排水分水线。 8. 雨水排水立管不得设置在居住房间内。 9. 下沉式广场地面排水、地下车库出入口的明沟排水，应设置雨水集水池和排水泵提升排至室外雨水检查井	1.《民用建筑设计通则》GB 50352—2005 2.《建筑设计防火规范》GB 50016—2014 3.《建筑给水排水设计规范》GB 50015—2003（2009 版） 4.《室外给水设计规范》GB 50013—2006（2014 版） 5.《室外排水设计规范》GB 50014—2006（2014 版）
管道要求		1. 给水排水管道不应穿过变配电房、电梯机房、智能化系统机房、音像库房等遇水会损坏设备和引发事故的房间，以及博物馆类建筑的藏品库房、档案馆类建筑的档案库区、图书馆类建筑的书库等，并应避免在生产设备、配电柜上方通过。 2. 排水横管不得穿越食品加工及贮藏部位，不得穿越生活饮用水池（箱）的正上方。 3. 排水管道不得穿过结构变形缝等部位，当必须穿过时，应采取相应技术措施。	

续表

类别	技术要求	规范依据
管道要求	4. 排水管道不得穿越客房、病房和住宅的卧室、书房、客厅、餐厅等对卫生、安静有较高要求的房间。 5. 当采用同层排水时，卫生间的地坪和结构楼板均应采取可靠的防水措施。 6. 生活饮用水管道严禁穿过毒物污染区。通过有腐蚀性区域时，应采取安全防护措施。 7. 专用通气管不得接纳器具污水、废水和雨水。 8. 通气管出经常有人停留的屋面，应高出屋面 2 米，应根据防雷要求考虑防雷装置。通气管口 4 米范围内有门窗时，通气管高度应高出门窗顶 0.6m 或引向无门窗一侧。通气管口不宜设在建筑物挑出部分的下面。 9. 有抗震要求的地区，管道的敷设也应考虑抗震的措施。管道与套管间的缝隙采用柔性连接，管道架空活动支架侧面应设置侧向挡板	1.《民用建筑设计通则》GB 50352—2005 2.《建筑设计防火规范》GB 50016—2014 3.《建筑给水排水设计规范》GB 50015—2003（2009 版） 4.《室外给水设计规范》GB 50013—2006（2014 版） 5.《室外排水设计规范》GB 50014—2006（2014 版）
消防要求	1. 消防水泵房的设置应符合下列规定： （1）单独建造的消防水泵房，其耐火等级不应低于二级； （2）附设在建筑内的消防水泵房，不应设置在地下三层及以下或室内地面与室外出入口地坪高差＞10m 的地下楼层； （3）消防水泵房应采取防水淹的技术措施；	

续表

类别	技术要求	规范依据
消防要求	(4) 疏散门应直通室外或安全出口。 2. 消防水池可室外埋地设置、露天设置或在建筑内设置，并靠近消防泵房或与泵房同一房间，且池底标高应≥消防泵房的地面标高。 3. 消防用水等非生活饮用水水池的池体宜采用独立结构形式，不宜利用建筑物的本体结构作为水池的壁板、底板及顶板。钢筋混凝土水池，其池壁、底板及顶板应作防水处理，且内表面应光滑易于清洗。 4. 生活用水、消防用水合用的贮水池应采取消防用水不被挪作其他用途的措施。 5. 高位水箱应设在便于维修、光线通风良好，且不易结冻的地方。 6. 附设在建筑内的灭火设备室、消防水泵房等应采用耐火极限≥2.00h 的防火隔墙和耐火极限≥1.50h 的楼板与其他部位分隔。 7. 建筑内的管道，在穿越防火隔墙、楼板和防火墙处的孔隙应采用防火封堵材料封堵。 8. 室内消火栓应设置在明显易于取用，及便于火灾扑救的位置。消火栓箱暗装在防火墙处，应采取不能减弱防火墙耐火等级的技术措施	1.《民用建筑设计通则》GB 50352—2005 2.《建筑设计防火规范》GB 50016—2014 3.《建筑给水排水设计规范》GB 50015—2003（2009 版） 4.《室外给水设计规范》GB 50013—2006（2014 版） 5.《室外排水设计规范》GB 50014—2006（2014 版）

8.2 电气电信设备

类别		技术要求	规范依据
设备房要求	变电所	1. 变电所位置的选择，应符合下列要求： （1）宜接近用电负荷中心，应方便进出线，应方便设备吊装运输。 （2）不应在厕所、浴室、厨房或其他蓄水、积水场所的直接下一层设置，且不宜与上述场所相贴邻，当贴邻时应采取防水措施。 （3）变配电室，不应在教室、居室的直接上、下层及贴邻处设置，且不应在人员密集场所的疏散出口两侧设置；当变配电室的直接上、下层及贴邻处设置病房、客房、办公室时，应采取屏蔽、降噪等措施。 （4）独立建造的变电所，不宜设在地势低洼和可能积水的场所。 （5）变电所位于高层建筑的地下室时，应避免被水浸的可能性，不宜设在最底层，当地下仅有一层时，应采取适当抬高该所的地面等防水措施。 2. 地上高压配电室宜设不能开启的自然采光窗，其窗距室外地坪宜≥1.8m；地上低压配电室可设能开启的不临街的自然采光通风窗。变配电室应设置防雨雪和小动物从采光窗、通风窗、门、电缆沟等进入室内的设施。 3. 变电所内设置值班室时，值班室应设置直接通向室外或疏散通道的疏散门。变配电室的房门应朝外开启，建筑面积≥50m² 时，应设两个进出口门。 4. 变电所地面或门槛宜高出本层楼地面≥0.10m。变电所的电缆夹层、电缆沟和电缆室应采取防水、排水措施	1.《民用建筑设计通则》GB 50352—2005 2.《建筑设计防火规范》GB 50016—2014 3.《民用建筑电气设计规范》JGJ 16—2008 4.《建筑物防雷设计规范》GB 50057—2010 5.《20kV及以下变电所设计规范》GB 50053—2013

续表

<table>
<tr><th colspan="2">类别</th><th>技术要求</th><th>规范依据</th></tr>
<tr><td rowspan="2">设备房要求</td><td>柴油发电机房</td><td>1. 柴油发电机房位置的选择要求同变电所要求，并宜靠近变电所设置。
2. 发电机间应设置两个门，其中一个门及通道的大小应满足运输机组的需要，否则应预留运输条件。
3. 发电机间的门应向外开启。发电机间与控制室或配电室之间的门和观察窗应采取防火措施，门开向发电机间。
4. 当柴油发电机房设置在地下层时，至少应有一侧靠外墙或地面，热风和排烟管道应伸出室外。排烟管道的设置还应达到环境保护要求。
5. 柴油发电机房应采取机组消声及机房隔声的构造措施。
6. 建筑物内或外设储油设施时，应符合《建筑设计防火规范》GB 50016 的要求。
7. 机组基础应采取减振措施，当机组设置在主体建筑内或地下室时，应防止与房屋产生共振现象。柴油机基础应采用防油浸的措施</td><td rowspan="2">1.《民用建筑设计通则》GB 50352—2005
2.《建筑设计防火规范》GB 50016—2014
3.《民用建筑电气设计规范》JGJ 16—2008
4.《建筑物防雷设计规范》GB 50057—2010
5.《20kV 及以下变电所设计规范》GB 50053—2013</td></tr>
<tr><td>智能化机房</td><td>1. 机房不应设在水泵房、厕所和浴室等潮湿场所的贴邻位置。不宜贴邻建筑物的外墙；与机房无关的管线不应从机房内穿越；机房地面或门槛宜高出本层楼地面≥0.10m。</td></tr>
</table>

续表

<table>
<tr><th colspan="2">类别</th><th>技术要求</th><th>规范依据</th></tr>
<tr><td>设备房要求</td><td>智能化机房</td><td>2. 机房宜铺设架空地板、网络地板或地面线槽；宜采用防静电、防尘材料；机房净高宜≥2.50m。
3. 机房可单独设置，也可合用设置。消防控制室与其他控制室合用时，消防设备在室内应占有独立的区域，且相互间不会产生干扰；安防监控中心与其他控制室合用时，风险等级应得到主管安防部门的确认。
4. 重要机房应远离强磁场所，且应做好自身的物防、技防。
5. 消防控制室、安防监控中心宜设在建筑物的首层或地下一层，并应设直通室外或疏散通道的疏散门</td><td rowspan="2">1. 《民用建筑设计通则》GB 50352—2005
2. 《建筑设计防火规范》GB 50016—2014
3. 《民用建筑电气设计规范》JGJ 16—2008
4. 《建筑物防雷设计规范》GB 50057—2010
5. 《20kV及以下变电所设计规范》GB 50053—2013</td></tr>
<tr><td>设施要求</td><td>照明</td><td>1. 优先选用直射光通比例高、控光性能合理的高效灯具。
2. 照明场所应以用户为单位计量和考核照明用电量。
3. 下列场所宜选用配用感应式自动控制的发光二极管灯：
（1）旅馆、居住建筑及其他公共建筑的走廊、楼梯间、厕所用灯场所；
（2）地下车库的行车道、停车位；
（3）无人长时间逗留，只进行检查、巡视和短时操作等的工作场所</td></tr>
</table>

续表

<table>
<tr><th colspan="2">类别</th><th>技术要求</th><th>规范依据</th></tr>
<tr><td>设施要求</td><td>防雷</td><td>1. 建筑物防雷设施的设置应符合《建筑物防雷设计规范》GB 50057的要求。
2. 国家级重点文物保护的建筑物、具有爆炸危险场所的建筑物应采用明敷接闪器。
3. 除第2条之外的建筑物，当其女儿墙以内的屋顶钢筋网以上的防水和混凝土层需要保护时，屋顶层应采用明敷接闪器。
4. 除第2条之外的建筑物，周围除保安人员巡逻外通常还有其他人员停留时，其女儿墙压顶板内或檐口处应采用明敷接闪器</td><td rowspan="2">1.《民用建筑设计通则》GB 50352—2005
2.《建筑设计防火规范》GB 50016—2014
3.《民用建筑电气设计规范》JGJ 16—2008
4.《建筑物防雷设计规范》GB 50057—2010
5.《20kV及以下变电所设计规范》GB 50053—2013</td></tr>
<tr><td>管道要求</td><td>管井</td><td>1. 电气竖井的面积、位置和数量应根据建筑物规模、使用性质、供电半径和防火分区等因素确定，每层设置的检修门并应开向公共走道。电气竖井不宜与卫生间等潮湿场所相贴邻。
2. 250m及以上的超高层建筑应设2个及以上强电竖井，宜设2个及以上弱电竖井。
3. 电气竖井井壁的耐火极限应根据建筑本体设置，检修门应采用不低于丙级的防火门。
4. 设有综合布线机柜的弱电竖井宜＞$5m^2$，且距最远端的信息点宜≤70m</td></tr>
</table>

续表

类别		技术要求	规范依据
管道要求	管线	1. 无关的管道和线路不得穿越变电所、控制室、楼层配电室、智能化系统机房、电气竖井，与其有关的管道和线路进入时应做好防护措施。 2. 为变电所、控制室、楼层配电室、智能化系统机房、电气竖井通风或空调的管道，其在内布置时不应设置在电气设备的正上方。风口设置应避免气流短路。 3. 建筑楼板及垫层的厚度应满足电气管线暗敷的要求。在楼板、墙体、柱内的电气管线，其保护管的覆盖层应≥15mm。在楼板、墙体、柱内的消防电气管线，其保护管的覆盖层应≥30mm。 4. 电缆桥架距楼板或屋面板底宜≥0.3m。距梁底宜≥0.1m	1.《民用建筑设计通则》GB 50352—2005 2.《建筑设计防火规范》GB 50016—2014 3.《民用建筑电气设计规范》JGJ 16—2008 4.《建筑物防雷设计规范》GB 50057—2010 5.《20kV 及以下变电所设计规范》GB 50053—2013
消防要求		1. 油浸变压器、充有可燃油的高压电容器和多油开关等，宜设置在建筑外的专用房间内；确需贴邻民用建筑布置时，应采用防火墙与所贴邻的建筑分隔，且不应贴邻人员密集场所，该专用房间的耐火等级不应低于二级；确需布置在民用建筑内时，不应布置在人员密集场所的上一层、下一层或贴邻，并应符合下列规定： （1）变压器室应设置在首层或地下一层的靠外墙部位，变压器室的疏散门均应直通室外或安全出口。	

续表

类别	技术要求	规范依据
消防要求	(2) 变压器室等与其他部位之间应采用耐火极限≥2.00h 的防火隔墙和耐火极限≥1.50h 的不燃性楼板分隔。在隔墙和楼板上不应开设洞口，确需在隔墙上设置门、窗时，应采用甲级防火门、窗。 (3) 变压器室之间、变压器室与配电室之间，应设置耐火极限≥2.00h 的防火隔墙。 (4) 油浸变压器、多油开关室、高压电容器室，应设置防止油品流散的设施。油浸变压器下面应设置能储存变压器全部油量的事故储油设施。 2. 布置在民用建筑内的柴油发电机房应符合下列规定： (1) 宜布置在首层或地下一、二层，不应布置在人员密集场所的上一层、下一层或贴邻。 (2) 应采用耐火极限≥2.00h 的防火隔墙和耐火极限≥1.50h 的不燃性楼板与其他部位分隔，门应采用甲级防火门。 (3) 机房内设置储油间时，其总储存量应≤$1m^3$，储油间应采用耐火极限≥3.00h 的防火隔墙与发电机间分隔；确需在防火隔墙上开门时，应设置甲级防火门，门的下部应设置防止油品流散的设施。 3. 设置火灾自动报警系统和需要联动控制的消防设备的建筑（群）应设置消防控制室。消防控制室的设置应符合下列规定：	1. 《民用建筑设计通则》GB 50352—2005 2. 《建筑设计防火规范》GB 50016—2014 3. 《民用建筑电气设计规范》JGJ 16—2008 4. 《建筑物防雷设计规范》GB 50057—2010 5. 《20kV 及以下变电所设计规范》GB 50053—2013

续表

类别	技术要求	规范依据
消防要求	(1) 单独建造的消防控制室，其耐火等级不应低于二级。 (2) 附设在建筑内的消防控制室，宜设置在建筑内首层或地下一层，并宜布置在靠外墙部位。 (3) 不应设置在电磁场干扰较强及其他可能影响消防控制设备正常工作的房间附近。 (4) 疏散门应直通室外或安全出口。 4. 建筑内的管道，在穿越防火隔墙、楼板和防火墙处的孔隙应采用防火封堵材料封堵	1.《民用建筑设计通则》GB 50352—2005 2.《建筑设计防火规范》GB 50016—2014 3.《民用建筑电气设计规范》JGJ 16—2008 4.《建筑物防雷设计规范》GB 50057—2010 5.《20kV及以下变电所设计规范》GB 50053—2013

8.3 通风空调设备

类别		技术要求	规范依据
设备房要求	设备机房	1. 设备机房不宜与有噪声限制的房间相邻布置，并应采取隔声治理措施。 2. 直燃吸收式机组的制冷机房不应与人员密集场所和主要疏散口贴邻设置。 3. 空调机房应邻近所服务的空调区，机房面积和净高既要满足设备、风管安装要求，也要满足常年清理、检修的要求。空调机房应有较好的隔声和密闭性。机房设排水地沟，须满足系统清洗排水需求	1.《民用建筑设计通则》GB 50352—2005 2.《建筑设计防火规范》GB 50016—2004 3.《民用建筑供暖通风与空气调节设计规范》GB 50736—2012 4.《锅炉房设计规范》GB 50041—2008

续表

类别		技术要求	规范依据
设备房要求	冷热源站房	1. 应预留大型设备的搬运通道及条件；吊装设施应安装在高度、承载力满足要求的位置。 2. 宜采用水泥地面，并应设置冲洗地面上、下水设施；在设备可能漏水、泄水的位置，设地漏或排水明沟。 3. 设备周围及上部应留有通行及检修空间。 4. 应设置集中控制室，控制室应采用隔声门	1.《民用建筑设计通则》GB 50352—2005 2.《建筑设计防火规范》GB 50016—2004 3.《民用建筑供暖通风与空气调节设计规范》GB 50736—2012 4.《锅炉房设计规范》GB 50041—2008
	锅炉房	1. 锅炉房和其他建筑物相连或设置在其内部时，严禁设置在人员密集场所和重要部门的上一层、下一层、贴邻位置以及主要通道、疏散口的两旁，并应设置在首层或地下一层靠建筑外墙部位。 2. 负压或常压燃油、燃气热水锅炉可设置在地下二层或屋顶上。设置在屋顶上的负压或常压燃气热水锅炉，距离通向屋面的安全出口应≥6.0m。 3. 锅炉房不得与储存或使用爆炸物品或可燃液体的房间相邻。 4. 锅炉房的火灾危险性分类和耐火等级应严格执行《建筑设计防火规范》GB 50016 设计。	

续表

类别		技术要求	规范依据
设备房要求	锅炉房	5. 锅炉房的外墙、楼板、屋顶应采取防爆措施，锅炉房与相邻房间用耐火极限≥2.00h的防爆墙和耐火极限≥1.50h的不燃烧楼板隔开。并应有相当于锅炉房占地面积10%的泄压面积。泄压方向不得朝向人员聚集的场所、房间和人行通道，泄压处也不得与这些地方相邻。泄爆口不得正对疏散楼梯间、安全出口和人员聚集的场所。地下锅炉房采用竖井泄爆方式时，竖井的净横断面积，应满足泄压面积的要求 6. 锅炉房的疏散门均应直通室外或安全出口。 7. 锅炉间与相邻的辅助房间之间的隔墙，应为防火隔墙；隔墙上开设的门应为甲级防火门；朝锅炉操作面方向开设的玻璃大观察窗，应采用具有抗爆能力的固定窗。 8. 锅炉房内设置储油间时，其总储存量应≤$1m^3$，且储油间应采用耐火极限≥3.00h的防火隔墙和锅炉房隔开，确需在防火墙上设置门时，应采用甲级防火门。 9. 充分考虑并妥善安排好大型设备的运输和进出通道、安装与维修所需的操作空间	1.《民用建筑设计通则》GB 50352—2005 2.《建筑设计防火规范》GB 50016—2004 3.《民用建筑供暖通风与空气调节设计规范》GB 50736—2012 4.《锅炉房设计规范》GB 50041—2008
设施要求	采暖	1. 建筑体型、窗墙比、外围护结构传热系数等应满足严寒和寒冷地区建筑节能设计要求，住宅分户墙和楼（地）板的热阻应满足减少传热的要求。	

续表

类别		技术要求	规范依据
设施要求	采暖	2. 公共阀门、仪表等应设在公共空间并可随时进行调节、检修、更换、抄表。 3. 供暖、热力管道穿墙或楼板时，洞口防水、密封或管道固定措施应根据管道热膨胀情况确定。 4. 幼儿园、老年人、特殊功能要求的建筑中的散热器必须暗装或加防护罩，散热器外表面应刷非金属涂料。 5. 地下室的建筑，供暖系统的热力入口宜设在地下层的专用隔间，无地下室的建筑，可设在首层楼梯下部便于观察的位置。 6. 室内采用地面埋管供暖系统时，层高应满足地面构造做法的要求	1.《民用建筑设计通则》GB 50352—2005 2.《建筑设计防火规范》GB 50016—2004 3.《民用建筑供暖通风与空气调节设计规范》GB 50736—2012 4.《锅炉房设计规范》GB 50041—2008
	通风	1. 新风采集口应设置在室外空气清新、洁净的位置或地点；废气及室外机的排放口应高于人员经常停留或通行的高度；有毒、有害气体应经处理达标后向室外高空排放。 2. 贮存易燃易爆物质、有防疫卫生要求及散发有毒、有害物质或气体的房间，应单独设置排风系统，并经处理达标后向室外高空排放。 3. 事故排风系统的室外排风口不应布置在人员经常停留或通行的地点以及邻近窗户、天窗、出入口等位置；且排风口与同一立面进风口的水平距离宜≥20m，否则应高出 6m 以上；出地面的风井应设置反坎等措施以防止雨水倒灌。 4. 室内送风口与排风口、室外进风口与出风口的位置，均应避免气流短路。 5. 除事故风机、消防用风机外，室外露天安装的通风机应避免运行噪声及振动对周边环境的影响，必要时应采取可靠的防护和消声隔振措施。 6. 餐饮厨房的油烟应处理达标后向室外高空排放或满足第 3 条要求	

续表

类别		技术要求	规范依据
设施要求	空调	1. 建筑体型、窗墙比、外围护结构传热系数等应按建筑全年能耗分析确定，外窗可开启面积和方式也应与空调系统相适。 2. 层高或吊顶高度应满足空调设备及管道的安装要求；风冷室外机应设置在通风良好的位置；水冷设备既要通风良好，又要避免飘水，靠近外窗时应采取防雾、防噪声干扰等措施。 3. 冷却塔设置应避免飘水、噪声等对周围环境的影响。气流应通畅，湿热空气回流影响小，且应布置在建筑物的最小频率风向的上风侧。 4. 冷却塔设置在裙房屋面时应远离厨房排油烟设备，并要求距离塔楼≥30m，如距离<30m需进行专项降噪设计或另行选择超低噪声的设备。 5. 裙房屋面的风机、冷却塔等设备和出屋面管井不得影响屋面绿化及塔楼的环境、安全等	1.《民用建筑设计通则》GB 50352—2005 2.《建筑设计防火规范》GB 50016—2004 3.《民用建筑供暖通风与空气调节设计规范》GB 50736—2012 4.《锅炉房设计规范》GB 50041—2008
	燃气	1. 燃气管道不得从建筑物和大型构筑物的下面穿越。 2. 建筑用燃气表间、管道及燃气设备的设置应满足当地燃气供应管理部门的要求。公共建筑的燃气表间应采取通风、（气体浓度）报警（远传）等措施，照明等设施应考虑防爆要求。 3. 建筑燃气管道共用部分应设在开敞空间或有通风措施的管道井内；住宅户内各种燃气设备应靠近管道入户位置，其连接软管的长度应≤2m，管道不得穿越卧室、客厅、储藏室	

续表

类别	技术要求	规范依据
防火要求	1. 附设在建筑内的通风空气调节机房等，应采用耐火极限≥2.00h的防火隔墙和耐火极限≥1.50h的楼板与其他部位分隔。通风、空气调节机房和开向建筑内的门应采用甲级防火门。 2. 防烟、排烟、供暖、通风和空气调节系统中的管道及建筑内的其他管道，在穿越防火隔墙、楼板和防火墙处的孔隙应采用防火封堵材料封堵。风管穿过防火隔墙、楼板和防火墙时，穿越处风管上的防火阀、排烟防火阀两侧各2.0m范围内的风管应采用耐火风管或风管外壁应采取防火保护措施，且耐火极限不应低于该防火分隔体的耐火极限	1.《民用建筑设计通则》GB 50352—2005 2.《建筑设计防火规范》GB 50016—2004 3.《民用建筑供暖通风与空气调节设计规范》GB 50736—2012 4.《锅炉房设计规范》GB 50041—2008

9 海绵城市及低冲击开发雨水系统

9.1 低冲击开发雨水系统

类别	技术要求
建筑与居住区	以雨水收集利用为目的的设施，应设置初期雨水弃流装置或设施
	在紫线范围内项目，应在保持历史原貌的前提下，合理确定低影响开发设施规模，不宜采用雨水径流下渗型设施
	低影响开发设施建设应在确保安全的前提下进行，不应对人身安全、建筑安全、地质安全、地下水水质、环境卫生等造成不利影响
	雨水入渗系统不得对建筑基础、道路路基等的安全性构成影响。下列场所不得采用雨水入渗系统： 1. 雨水入渗可能导致陡坡坍塌、滑坡灾害的危险场所； 2. 雨水入渗对居住环境以及自然环境构成危害的场所； 3. 自重湿陷性黄土、膨胀土和高含盐等特殊土壤地质场所

续表

类别	技术要求
建筑与居住区	有雨水入渗系统的区域，应适当加强建筑墙体、地下室顶板等的防渗措施
	建筑与小区内下沉式绿地、人工湿地等附近应有相应的警示标识
	建筑与小区的景观水体、调蓄池等水体深度应满足有关规范要求，一般应≤0.5m，当水体深度＞0.5m时必须设置防护措施
	低影响开发设施所选植被的根系不得对防水层、基础构造层的安全稳定性构成不利影响
	化工、石油、重金属冶炼企业需建设初期雨水弃流设施或者雨水沉淀池，处理达标后方可排放
城市绿地	周边区域雨水径流进入城市绿地内的生物滞留设施、雨水湿地前，应利用沉淀池、前置塘、植草沟和植被过滤带等设施对雨水径流进行预处理
	以调蓄为主要功能的设施，应设置溢流排放系统，并与城市雨水管渠系统和超标雨水径流排放系统衔接
	调蓄设施应建设预警标识和预警系统，保障暴雨期间人员的安全撤离，避免事故发生
河流水系	根据蓝线规划，保护现状河流、湖泊、湿地、坑塘、沟渠等城市自然水体。对于硬质护岸和河床的河道，在满足防洪安全及周边建筑物、构筑物安全的前提下，应结合城市用地布局，进行生态修复和恢复

续表

类别	技术要求
河流水系	对城市内河进行海绵化改造规划设计时，在满足安全的前提下，应优先采用生态岸线，原则上不得使用对现状沟渠采用加盖的方式，对确需加盖的，应增加同等面积水面
	雨污分流地区的湖泊应承担雨水调蓄功能，雨污合流地区的湖泊不宜承担管网设计标准内调蓄功能，但可作为超管网设计标准时降雨的调蓄空间

9.2 技术类型

技术类型	安全特性
透水铺装	易堵塞，寒冷地区有被冻融破坏的风险
绿色屋顶	对屋顶荷载、防水、坡度、空间条件等有严格要求
下沉式绿地	大面积应用时，易受地形等条件的影响，实际调蓄容积较小
生物滞留池	应用于地下水位与岩石层较高、土壤渗透性能差、地形较陡的地区，应采取必要措施避免次生灾害的发生
渗透塘	对场地条件要求较严格，对后期维护管理要求较高。若应用于径流污染严重、设施底部渗透面距离地下水位或岩石层较近及距离建筑物基础较近的区域时，应采取必要的措施防止发生次生灾害
渗井	若用于径流污染严重、设施底部距地下水位或岩石层较近及距离建筑物基础较近的区域时，应采取必要的措施防止发生次生灾害

续表

技术类型	安全特性
湿塘	对场地条件要求较严格
蓄水池	建设费用高，后期需重视维护管理，不适用于无雨水回用需求和径流污染严重的地区
雨水罐	用于单体建筑屋面雨水的收集利用，但其储存容积较小，雨水净化能力有限
调节塘	功能较为单一，宜利用下沉式公园及广场等与湿塘、雨水湿地合建，构建多功能调蓄水体
调节池	功能单一，建设及维护费用较高，宜利用下沉式公园及广场等与湿塘、雨水湿地合建，构建多功能调蓄水体
植草沟	在城市道路及城市绿地等区域。可作为生物滞留设施、湿塘等低冲击开发设施的预处理设施，也可与雨水管渠联合应用，但已建成区及开发强度较大的新建城区等区域易受场地条件制约
渗管/渠	不适用于地下水位较高、径流污染严重及易出现结构塌陷等不宜进行雨水渗透的区域（如雨水管渠位于机动车道下等），且建设费用较高，易堵塞，维护较困难
植被缓冲带	坡度一般为2%～6%，宽度宜≥2m，坡度较大（>6%）时其雨水净化效果较差，对场地空间大小、坡度等条件要求较高，且径流控制效果有限
初期雨水弃流设施	径流污染物弃流量一般不易控制

9.3 设计注意点

注意点	安全性要求
种植土壤	种植土壤应满足相关土壤环境质量标准的要求
	如果原始土壤满足渗透能力＞1.3cm/h，有机物含量＞5%，pH 6～8，阳离子交换能力＞5meq/100g等条件，生物滞留设施、渗透型植草沟、植物池等低影响开发设施中的种植土壤尽量选用原始土壤，以节省造价。对于不能满足条件的，应换土
	对于需要换土的，土壤一般采用85%的洗过的粗砂，10%左右的细沙，有机物的含量5%，土壤的*d*50宜≥0.45mm，磷的浓度宜为10～30ppm，渗透能力一般2.5～20cm/h
	生物滞留设施、渗透型植草沟、植物池等低影响开发设施中的种植土壤一般宜≥0.6m，不宜＞1.5m
	对于植草的，土壤厚度一般为0.6m；种植灌木和乔木的，最小土壤层厚度应达到0.9m
	重金属、SS、总磷和病原菌的去除要求土壤厚度一般不＜0.6m，如果需要去除总氮，土壤的厚度一般不＜0.75m
	对于有地下室顶板或者其他地下构筑物限制，导致底部不能完全入渗的，土壤层的厚度一般为0.6m

续表

注意点	安全性要求
防渗	对于靠近道路、建筑物基础或者其他基础设施，或者因为雨水浸泡可能出现地面不均匀沉降的入渗型低影响开发设施，需要考虑侧向防渗
	对于以下情况，还需采取底部防渗措施：因土壤过饱和可能出现沉降或者塌陷；底部是地下室或者其他基础设施；距离建筑物基础过近的
路缘石开口	侧向在道路和停车场等不透水率较高的区域进行低影响开发设施设计时，一般应设置路缘石开口
	路缘石开口的底部应该朝向低影响开发设施，确保雨水能够顺流进入低影响开发设施
	路缘石开口入口处应设置消能设施，以防止侵蚀
	对于需要跨越步行通道的路缘石开口，应采取加盖等防护措施
管道入流入口耗能	以管道集中入流方式进入低影响开发设施的，入口处应采取散流和消能措施，具体的方式包括前池溢流、卵石或者碎石、围堰、弯头消能
底部排渗	对于地基渗透能力＜1.3cm/h 的生物滞留设施或者是底部进行了防渗处理的其他入渗为主的低影响开发设施，底部应设置排水管
	低影响开发设施应尽量避让市政基础设施，对于确实不能避让的，应做好防渗。对于市政设施需要穿越低影响开发设施防渗层的，应在穿越处做好密封

续表

注意点	安全性要求
底部排渗	渗排管设置的一般要求： (1) 最小直径为100mm； (2) 渗排管可以采用经过开槽或者穿孔处理的PVC管或者HDPE管； (3) 每个生物滞留设施应至少安装两根底部渗排管，且每100平方米的收水面积应配置至少一根底部渗排管； (4) 渗排管的最小坡度为0.5%； (5) 每75～90m应设置未开孔的清淤立管，清淤立管不能开孔，直径最小为100mm； (6) 每根渗排管应设置至少两根清淤立管； (7) 采用碎石的底部排水层应与种植土壤层隔离，隔离的材料可选用土工布或细砂等
需预处理的下渗设施	透水铺装，生物滞留设施，下渗型植草沟，渗沟等

本章节列表参考《海绵城市建设技术指南(201410)》、《南宁市海绵城市规划设计导则》、《深圳市海绵城市规划要点和审查细则》整理。

10 景观安全设计

10.1 水体与地形设计

10.1.1 滨水景观设计应综合考虑水位变化对景观和生态系统的影响，并应确保游人安全。

10.1.2 景观水体应根据水源和现状地形等条件，合理确定以下内容：

<table>
<tr><td rowspan="3">各类水体的形状和使用要求</td><td>游船水面应按船的类型提出水深要求和码头位置
游泳水面应划定不同水深的范围
水生植物种植区应确定种植范围和水深要求</td></tr>
<tr><td>合理确定水量、水位、流向</td></tr>
<tr><td>合理确定水闸、进出水口、溢流口、泵房的位置与标高</td></tr>
<tr><td rowspan="2">水体的位置要求</td><td>距城市道路距离宜不小于 5m</td></tr>
<tr><td>设于坡道下方时，与坡道应有不小于 3m 的缓坡段</td></tr>
</table>

10.1.3 驳岸设计应根据相邻江、河、湖、海等不同水体的水文状况综合考虑岸线的结构安全与

景观效果。

10.1.4 人工水体的安全性设计应符合下列规定：

<table>
<tr><td rowspan="3">景观水体</td><td colspan="2">无防护设施的人工驳岸，近岸 2.0m 范围内的常水位水深不得大于 0.7m</td></tr>
<tr><td colspan="2">无防护设施的园桥、汀步及临水平台附近 2.0m 范围以内的常水位水深不得大于 0.5m</td></tr>
<tr><td colspan="2">无防护设施的池岸顶与常水位的垂直距离不得大于 0.5m</td></tr>
<tr><td>儿童戏水池</td><td colspan="2">儿童戏水池最深处的水深不得大于 0.35m，池壁装饰材料应平整、光滑且不易脱落，池底应有防滑措施</td></tr>
<tr><td rowspan="2">喷泉</td><td colspan="2">喷泉池喷头距池边的安全距离不应小于 1m</td></tr>
<tr><td colspan="2">旱喷泉禁止直接使用电压大于 12V 的潜水泵</td></tr>
<tr><td rowspan="2">室外泳池</td><td>成人游泳池水深应为 1.2～2.0m</td><td rowspan="2">泳池池底和池岸应做防滑处理，池壁应平整光滑，池岸应做圆角处理，并应符合游泳池的技术规定</td></tr>
<tr><td>儿童游泳池水深应为 0.5～1.0m</td></tr>
</table>

10.1.5 山地景观与地形设计应根据雨洪控制利用规划和土质条件，保证岩土边坡的稳定性。

10.1.6 改造的地形坡度超过土壤的自然安息角时，应采取护坡、固土或防冲刷的工程措施。

10.1.7 大高差或大面积填方地段的地形设计应充分考虑土壤的自然沉降系数。

10.1.8 大面积人工堆山应采取以下措施保证山

体稳定和周边设施的安全：

人工堆土稳定性	充分收集改造范围内地质、水文、地形地貌、气象等资料，了解场地的地面和地下建构筑物情况
	填充土应分层夯填或碾压密实，压实系数一般采用0.90～0.93。地形上设计有建筑时，局部填充土指标应符合建筑基础要求
	视堆土高度进行地基滑动稳定、承载力和变形验算
	山体应做好防止水土流失的工程措施
	应验算堆土对周边已有的建（构）筑物的影响，必要时应采取地基加固等有效保护措施，确保不产生安全隐患
污染物管控	地形填充土严禁含有对环境、人和动植物安全有害的污染物和放射性物质
	利用建筑垃圾等固体废物做人工堆土填充土的项目，应进行专项安全与环境影响评估

10.2　园路与铺装场地

10.2.1　主要园路应具有引导游览和方便游人集散的功能，并不应设置台阶或梯道。

10.2.2　游人大量集中地区的园路和铺装场地应通畅并便于游人集散。

10.2.3　园路、踏步设计应符合以下规定：

园路安全	主路、次路纵坡宜小于8%，同一纵坡坡长不宜大于200m；山地区域的主路、次路纵坡应小于12%，12%应作防滑处理；积雪及寒冷地区不应大于6%
	支路和小路，纵坡宜小于18%；纵坡大于15%路段，路面应作防滑处理；纵坡大于18%，宜设计台阶或梯道
	与广场相连接的道路纵坡度以0.5%～2%为宜
	自行车专用道的坡度宜小于2.5%；当坡度不小于2.5%时，纵坡最大坡长应符合现行行业标准《城市道路工程设计规范》CJJ 37的有关规定
	园路横坡以1%～2%为宜，最大不应大于4%；纵、横坡坡度不应同时为零
	纵坡大于50%的梯道应作防滑处理，并设置护栏设施
	非机动车的车库的车辆出入口，距离城市道路的规划红线不应小于7.5m，并不应有视线障碍物遮挡出入口
踏步安全	户外楼梯踏步的高度不应大于0.15m（0.12～0.13m为宜），宽度不应小于0.3m（2×踏步高度+踏步宽度=0.6m为宜）
	台阶踏步数不应少于2级；侧方高度大于1.0m的台阶须设护栏设施

10.2.4 园路在地形险要的地段应设置安全防护设施，可能对人身安全造成影响的区域，应设置醒目的安全警示标志。

10.2.5 容易发生跌落、淹溺等人身事故的铺装场地，应设置防护护栏。

10.3 园桥

10.3.1 园桥应根据景观总体设计确定通行、通航、排洪所需尺度和桥下净空，并符合以下规定：

通车园桥	通行车辆的园桥设计应符合现行行业标准《城市桥梁设计规范》CJJ 11 的有关规定
	通行车辆的园桥，长度大于 30m 应设置防撞护栏，可结合栏杆也可单独设置
非通车园桥	桥面均布荷载应按 4.5kN/m² 取值
	计算单块人行桥板时应按 5.0kN/m² 的均布荷载或 1.5kN 的竖向集中力分别验算并取其不利者
	非通行车辆的园桥应有阻止车辆通过的措施

10.3.2 天然水体中的园桥、栈桥结构设计应充分考虑基础地质地形、潮汐风浪、盐碱腐蚀等自然因素对桥体的影响，确保结构安全稳定性。

10.4 种植设计

类别	设计要求
斜坡游憩草地	当草地坡度大于 20%、坡长大于 5m 时，斜坡前方 5m 范围内严禁种植有刺的植物

续表

类别	设计要求
游人正常活动场所	不应选用危及游人生命安全的有毒植物与枝叶有硬刺或枝叶呈坚硬剑状、刺状的植物
儿童活动场	不应选用有毒、有刺、恶臭、大型落果的植物
	宜采用通透式种植便于成人看护
机动车道	植物不应遮挡路旁交通标识
	行道树枝下高度不应小于 4m
	交叉路口应保证行车视线通透，并对视线起引导作用
仓储绿地	应满足防火和露天堆料的要求，并选择不易燃烧的植物品种

10.5 护栏

10.5.1 凡游人正常活动范围边缘临空高差大于 0.7m 处，应设防护护栏。

10.5.2 防护护栏高度不应小于 1.05m；设置在临空高度 24m 以及 24m 以上时，护栏高度不应小于 1.10m。护栏应从可踩踏面起计算高度。

10.5.3 儿童专用活动场所的防护护栏必须采用防止儿童攀爬的构造，当采用垂直杆件做栏杆时，其杆件净距不应大于 0.11m。

10.5.4 防护护栏扶手上的活荷载取值与做法应符合下列规定：

<table>
<tr><td rowspan="2">荷载计算</td><td>竖向荷载按1.2kN/m计算，水平向外荷载按1.0kN/m计算，其中竖向荷载和水平荷载不同时计算</td></tr>
<tr><td>作用在栏杆立柱柱顶的水平推力应为1.0kN/m</td></tr>
<tr><td>构造要求</td><td>各种装饰性、示意性和安全防护性护栏的构造做法，不应采用锐角、利刺等构造形式</td></tr>
</table>

10.6　景观小品与设施

<table>
<tr><th colspan="2">类别</th><th>设计要求</th></tr>
<tr><td colspan="2">景观小品与设施的构件及安装</td><td>应保证结构牢固安全</td></tr>
<tr><td colspan="2">材质与细部处理</td><td>应采用无毒、无害的材料，高度2m范围内构件应处理成圆角或钝角</td></tr>
<tr><td rowspan="3">游戏设施</td><td>游戏场地</td><td>应铺设软性地面，如软性塑胶地面、沙地、松土或草坪</td></tr>
<tr><td>游戏器械</td><td>应采用安全材料，坚固耐用，避免尖锐棱角</td></tr>
<tr><td>安全围护</td><td>当与机动车道距离小于10m时，应加设围护设施，其高度应不小于0.6m</td></tr>
</table>

10.7 山石与挡土墙

类别	设计要求
山石	假山与置石应保持重心垂直，注重整体性和稳定性
	游人进出的山洞应有通风、采光、排水设施，并应保证通行安全
	悬挑或衔接的山石应保证结构牢固，用以结构加固的钢构件应做防腐处理
挡土墙	挡土墙的形式应根据场地实际情况经过结构设计确定
	应考虑排水措施，包括良好的地表排水与墙身排水孔，排水孔直径不应小于 50mm，孔眼间距不宜大于 3.0m

11 办公建筑安全设计

11.1 选址和总平面布置

表 11.1

类别	技术要求	规范依据
选址	1. 办公建筑基地宜选在工程地质和水文地质有利、市政设施完善，且交通和通信方便的地段。选区地段应符合城市防震、防灾(山、河)、防海潮、防风、防泥石流、防滑坡等有关标准。 2. 办公建筑基地与易燃易爆物品场所和产生噪声、烟尘、散发有害气体等污染源的距离，应符合安全、卫生和环境保护有关标准的规定	《办公建筑设计规范》JGJ 67—2006，第 3.1 条
总平面布置	1. 总平面应合理布置设备用房、附属设施和地下建筑的出入口。锅炉房、厨房等后勤用房的燃料、货物及垃圾等物品的运输设有单独通道和出入口。 2. 应满足室外场地及环境设计要求，分区明确、合理组织人、车交通流线。基地内机动车和非机动车出入口设置应处理好与城市交通、城市步行系统、场地内货运及装卸等安全分流、分区的关系。 3. 场地内无障碍通道和标识应系统化设置，并符合现行《无障碍设计规范》GB 50763—2012 的相关要求	《全国民用建筑工程设计技术措施·规划建筑景观 2009》第 2.1.9 条；《办公建筑设计规范》JGJ 67—2006，第 3.2.4 条，第 3.2.6 条

11.2 安全防护设计一般规定

表 11.2

<table>
<tr><th>类别</th><th>技术要求</th><th>规范依据</th></tr>
<tr><td>建筑物内部</td><td>1. 办公建筑的走道应符合下列要求：
A. 宽度应满足防火疏散要求，最小净宽应符合下表规定：
<table>
<tr><th rowspan="2">走道长度（m）</th><th colspan="2">走道净宽（m）</th></tr>
<tr><th>单面布房、回廊式</th><th>双面布房</th></tr>
<tr><td>≤40</td><td>1.30</td><td>1.50</td></tr>
<tr><td>>40</td><td>1.50</td><td>1.80</td></tr>
</table>
B. 根据办公建筑分类，办公室的净高应满足：一类办公建筑不应低于2.70m；二类办公建筑不应低于2.60m；三类办公建筑不应低于2.50m。办公建筑的走道净高不应低于2.20m，贮藏间净高不应低于2.00m。
2. 有中庭空间的门厅应组织好人流交通。内部中庭空间，当临空高度大于5m时，维护设施高度标准应适当提高，建议≥1.4m。</td><td>《办公建筑设计规范》JGJ 67—2006，第4.1.9条，第4.1.11条，第4.2.3条，第4.3.6条</td></tr>
</table>

续表

类别	技术要求	规范依据
建筑物内部	3. 使用燃气的公寓式办公楼的厨房应有直接采光和自然通风；电炊式厨房如无条件直接对外采光通风，应有机械通风措施，并设置洗涤池、案台、炉灶及排油烟机等设施或预留位置。 4. 机要部门办公室应相对集中，与其他部门宜适当分隔。 5. 档案室、资料室和书库应采取防火、防潮、防尘、防蛀、防紫外线、防漏水和结露（有给排水管道穿越的）等措施；地面应用不起尘、易清洁的面层，并有机械通风措施。 6. 档案和资料查阅间、图书阅览室应光线充足、通风良好，避免阳光直射及眩光。 7. 卫生间距离最远工作点不应大于50m；宜有天然采光、通风；条件不允许时，应有机械通风措施。对外的公用厕所应设供残疾人使用的专用设施	《办公建筑设计规范》JGJ 67—2006，第4.1.9条，第4.1.11条，第4.2.3条，第4.3.6条
门窗	1. 办公建筑的门应符合下列要求： 机要办公室、财务办公室、重要档案库、贵重仪表间和计算机中心的门应采取防盗措施，室内宜设防盗报警装置。	《办公建筑设计规范》JGJ 67—2006，第4.1.6条，第4.1.7条

续表

类别	技术要求	规范依据
门窗	2. 办公建筑的窗应符合下列安全、通风要求： A. 底层及半地下室外窗宜采取安全防范措施； B. 高层及超高层办公建筑采用玻璃幕墙时应设有清洁设施，并必须有可开启部分，或设有通风换气装置。 C. 外窗不宜过大，可开启面积不应小于窗面积的30%，并应有良好的气密性、水密性和保温隔热性能，满足节能要求。全空调的办公建筑外窗开启面积应满足火灾排烟和自然通风要求。 D. 临空窗台＜0.80m时，应采取防护措施，防护高度从楼地面起计不应＜0.80m	《办公建筑设计规范》JGJ 67—2006，第4.1.6条，第4.1.7条
设备	1. 办公建筑负荷等级与防雷分类应根据分类别的相关规定设计。 2. 办公建筑的电源进线处应设置明显切断装置和计费装置。用电量较大时应设置变配电所。 3. 一类办公建筑及高层办公建筑宜设置建筑设备监控系统及安全防范系统。 4. 办公建筑内弱电机房的设备供电电源采用UPS集中供电方式时，应有电源隔离和过电压保护措施	《办公建筑设计规范》JGJ 67—2006，第7.3.1条，第7.3.2条和第7.3.7条，第7.4.4条，第7.4.7条

11.3 消防安全

表 11.3

类别	技术要求	规范依据
消防安全	1. 综合楼内的办公部分的疏散出入口不应与同一楼内对外的商场、营业厅、娱乐、餐饮等人员密集场所的疏散出入口共用。 2. 超高层办公建筑应双向疏散，高度＞100m 的建筑宜采用环形走廊设计。 3. 办公建筑的开放式、半开放式办公室，其室内任何一点至最近的安全出口的直线距离不应＞30m。设有自动灭火系统，距离可增加 25%。 4. 机要室、档案室和重要库房等隔墙的耐火极限不应＜2h，楼板不应＜1.5h，并应采用甲级防火门。 5. 建筑外墙应在每层外墙恰当位置设置可供消防救援人员进入的窗口。窗口宜与公共走道对应，室内不应布置障碍物。窗口不应小于高宽 1m×1m，下沿距离室内地面≤1.2m，间距不＞20m，且每个防火分区不应少于 2 个，并与消防救援场地相对应。窗口玻璃应易于破碎，并应设置可在室外易于识别的明显标志。 6. 建筑高度＞100m 且标准层建筑面积＞2000m² 的公共建筑，宜在屋顶设置直升机停机坪或供直升机救助的设施。当高度＞250m 时应按要求设置以上设施	《办公建筑设计规范》JGJ 67—2006，第 5.0.1 条至第 5.0.5 条

11.4 电梯、自动扶梯

表 11.4

类别	技术要求	规范依据
电梯	1. 5层及5层以上办公建筑应设电梯。电梯数量应满足使用要求，按办公建筑面积每5000m² 至少设置1台。超高层办公建筑的乘客电梯应分层分区停靠。有利于高峰期人员集散。 2. 高层及超高层设有分区电梯以及双层电梯大堂时，应确保相邻地坎间的距离不＞11m，否则应设置井道安全门。 3. 检修门、井道安全门和检修伙伴们均不应向井道内开启，并均应装电梯轿厢对重（或平衡重）。其下部空间应按《电梯制造与安装安全规范》设置防护。电梯组联通的井道底部，应设置刚性隔障。 4. 超高层办公建筑电梯井道、载重量设计，应考虑设备和幕墙的维修与更换，如兼做消防电梯应满足其从顶层至首层运行时间不大于60s的要求。 5. 消防电梯应分别设置在不同防火分区内，且每个分区不少于1台	《办公建筑设计规范》，第4.1.3至4.1.4条。《电梯制造与安装安全规范》GB 7588—2003第5.2.2.1.2条，第5.2.2.2条，第5.2.2.2.1条，第5.5至5.6条。 《建筑设计防火规范》GB 50016—2014第7.3.2条，第7.3.8条

续表

类别	技术要求	规范依据
自动扶梯	1. 自动扶梯的倾斜角 α 一般不应＞30°，当提升高度不＞6m，额定速度不＞0.5m/s 时，倾斜角 α 允许增至 35°。 2. 自动扶梯扶手装置，应采取措施阻止人员翻越扶手装置，以免除跌落的危险。 3. 自动扶梯之间、扶梯与周边的墙体之间的距离应满足： A. 出入口的通行区域： 在自动扶梯的出入口，应有充分畅通的区域，以容纳进（出）自动扶梯的乘客，该区域的宽度应大于或等于扶手带中心线之间的距离，其在深度方向，从自动扶梯的扶手带端部起，向外延伸至少 2.5m。若该通行区域的宽度达到扶手带中心距的两倍以上，则其深度方向尺寸可减至 2m。设计人员应将该通行区域视为整个交通输送系统的一部分，因此实际上有时需要适当增大。 出入口的通行区域应留有驻足区，其进深从梳齿板根部外不＜0.85m。 B. 梯级、踏板上方的安全高度：	《自动扶梯和自动人行步道的制造与安装安全规范》GB 16899—2011 第 5.2 条，第 7.3 条

续表

类别	技术要求	规范依据
自动扶梯	自动扶梯的梯级上方，应有不＜2.3m的垂直净通过高度。该净高度应沿整个梯级、踏板的运动全行程，以保证自动扶梯的乘客安全无阻碍地通过。 扶手带中心线与相邻建筑物墙壁或障碍物之间的水平距离不＜0.5m，该距离应保持到自动扶梯梯级上方至少2.1m的高度处。如果采取适当措施可避免伤害的危险，则此2.1m的高度可适当减少。 C. 扶手带之间、扶手带外缘与建筑物或障碍物之间安全距离： 对平行并列布置或交叉布置的自动扶梯，为防止相邻自动扶梯运动引起的伤害，相邻两台自动扶梯扶手带外缘之间距离应＞0.5m。 与楼板交叉处以及交叉布置的自动扶梯之间的防护：自动扶梯与楼板交叉处以及各交叉布置的自动扶梯相交叉的三角形区域，除了应满足上述的安全距离要求外，还应在外盖板上方设置一个无锐利边缘的垂直防碰保护板，其高度不应＜0.3m，例如用一个无孔的三角形保护板。如扶手带中心线与任何障碍物之间的距离≥0.5m时，则无须采用防碰保护板。 D. 自动扶梯上端部楼板边缘的保护：	《自动扶梯和自动人行步道的制造与安装安全规范》GB 16899—2011第5.2条，第7.3条

续表

类别	技术要求	规范依据
自动扶梯	自动扶梯与上层楼板相交处，为了满足上述B项的梯级、踏板上方的安全高度，在上层楼板上应开有一定尺寸的孔，为了防止乘客有坠落或挤刮伤害的危险，在开孔楼板的边缘应设有规定高度的护栏。 E. 自动扶梯的照明： 自动扶梯及其周边，特别是在梳齿板的附近应有足够的照明，室内或室外自动扶梯出入口处地面的照度分别至少为50lx或15lx。	《自动扶梯和自动人行步道的制造与安装安全规范》GB 16899—2011 第5.2条，第7.3条

11.5 幕墙

表 11.5

类别	技术要求	规范依据
幕墙	1. 幕墙应有安全可靠的清洗、维护措施。 2. 玻璃幕墙宜采用夹层玻璃、均质钢化玻璃（或低铁玻璃）。 3. 严禁采用全隐框玻璃幕墙，二层以上设置玻璃幕墙的，应在幕墙下方周边区域合理设置绿化带或裙房等缓冲区域，也可采用挑檐、防冲击雨篷等防护设施。	《全国民用建筑工程设计技术措施·规划建筑景观 2009》第5.8.3条，第5.8.4条，第5.9.1条，第5.10.1条。 《住房城乡建设部 国家安全监管总局关于进一步加强玻璃幕墙安全防护工作的通知》建标［2015］38号

续表

类别	技术要求	规范依据
幕墙	4. 幕墙采用开启窗时，开启角度不宜>30°，开启距离不宜>300mm，应设有防坠落防护措施。 5. 幕墙通风器和外百叶应设计和选用避免产生“啸声”的形式。 6. 幕墙立面分隔宜与房间划分和防火分区相对应，按要求保障上下层、同层防火分区间的防火封堵设计。 7. 人员密度大、流动大的公共区域和易受撞击部位的玻璃幕墙，应设有防撞措施和明显的警示标志。 8. 玻璃幕墙外侧反射率宜不大于20%，或采用避免眩光的遮蔽措施	《全国民用建筑工程设计技术措施·规划建筑景观2009》第5.8.3条，第5.8.4条，第5.9.1条，第5.10.1条。 《住房城乡建设部 国家安全监管总局关于进一步加强玻璃幕墙安全防护工作的通知》建标[2015] 38号

11.6 环保及隔声、隔振

表11.6

类别	技术要求	规范依据
环保	1. 办公建筑中的变配电所应避免与有酸、碱、粉尘、蒸汽、积水、噪声严重的场所毗邻，并不应直接设在有爆炸危险环境的正上方或正下方，也不应直接设在厕所、浴室等经常积水场所的正下方。 2. 办公建筑中的锅炉房必须采取有效措施，减少废气、废水、废渣和有害气体及噪声对环境的影响。 3. 动力机房宜靠近负荷中心设置，电子信息机房宜设置在低层部位	《办公建筑设计规范》JGJ 67—2006，第4.5.2条，第4.5.8条，第4.5.13条

续表

类别	技术要求	规范依据
隔声隔振	1. 产生噪声或振动的设备机房应采取消声、隔声和减振等措施，并不宜毗邻办公用房和会议室，也不宜布置在办公用房和会议室的正上方。 2. 有排水、冲洗要求的设备用房和设有给排水、热力、空调管道的设备层以及超高层办公建筑的敞开式避难层，应有地面泄水措施	《办公建筑设计规范》JGJ 67—2006，第4.5.3条，第4.5.6条

11.7 室内光和声环境

表 11.7

类别	技术要求	规范依据
室内光环境声环境	1. 办公室应进行合理的日照控制和利用，避免直射阳光引起的眩光。 2. 对噪声控制要求较高的办公建筑应对附着于墙体和楼板的传声源部件采取防止结构声传播的措施	《办公建筑设计规范》JGJ 67—2006，第6.3.3条，第6.4.3条

12 医疗建筑安全设计

12.1 选址

类别	技术要点	规范依据
综合医院选址安全原则	1. 远离污染源； 2. 远离易燃、易爆物品的生产和储存区，并应远离高压线路及其设施； 3. 不应临近少年儿童活动密集场所； 4. 不应污染、影响城市其他区域	《综合医院建筑设计规范》GB 51039—2014 第4.1条
传染病院选址安全原则	1. 远离污染源； 2. 用地地质构造稳定、地势较高且不受洪水威胁的地段； 3. 不宜设置在人口密集的居住与活动区域； 4. 应远离易燃、易爆产品生产、储存区域及存在卫生污染风险的生产加工区域； 5. 新建传染病医院选址，以及现有传染病医院改建和扩建及传染病区建设时，医疗用建筑物与院外周边建筑应设置≥20m绿化隔离卫生间距	《传染病医院建筑设计规范》GB 50849—2014 第4.1条

续表

类别	技术要点	规范依据
精神专科医院选址安全原则	1. 地形宜规整平坦、地质宜构造稳定，地势应较高且不受洪水威胁； 2. 远离易燃、易爆物品的生产和储存区； 3. 不宜设置在人口密集的居住与活动区域	《精神专科医院建筑设计规范》GB 51058—2014 第 3.1 条

12.2 总平面

类别	技术要点	规范依据
综合医院总平面安全设计	1. 对废弃物的处理，应作出妥善的安排，并应符合有关环境保护法令、法规的规定。 2. 太平间、病理解剖室应设于医院隐蔽处。需设焚烧炉时，应避免风向的影响，并应与主体建筑隔离。尸体运送路线应避免与出入院路线交叉	《综合医院建筑设计规范》GB 51039—2014 第 4.2 条

续表

类别	技术要点	规范依据
传染病院总平面安全设计	1. 总平面应严格结合主导风向分为清洁区、半污染区和污染区，洁污、医患、人车等流线组织应清晰，并应避免院内感染。 2. 对涉及污染环境的医疗废弃物及污废水，应采取环境安全保护措施。 3. 医院出入口附近应布置救护车冲洗消毒场地	《传染病医院建筑设计规范》GB 50849—2014第4.2条
精神专科医院总平面安全设计	1. 对涉及污染环境的污物（含医疗废弃物、污废水等）应进行环境安全规划。 2. 供急、重症患者使用的室外活动场地应设置围墙或栏杆，并应采取防攀爬措施。建筑物外侧及围墙内外侧1.5m范围内不应种植密植形绿篱，3m范围内不应种植高大乔木	《精神专科医院建筑设计规范》GB 51058—2014第3.2条

12.3 建筑防火

12.3.1 医院液氧储罐、制氧站与建筑物防火间距

医院液氧储罐、制氧站与建筑物防火间距　　表 12.3.1-1

<table>
<tr><th colspan="2" rowspan="2">名称</th><th colspan="3">湿式氧气储罐（总容积 V，m^3）</th><th rowspan="2">规范依据</th></tr>
<tr><th>$V \leqslant 1000$</th><th>$1000 \leqslant V \leqslant 50000$</th><th>$V > 50000$</th></tr>
<tr><td colspan="2">明火或散发火花地点</td><td>25</td><td>30</td><td>35</td><td rowspan="6">《建筑设计防火规范》GB 50016—2014 第 4.3.6 条</td></tr>
<tr><td colspan="2">甲、乙、丙类液体储罐，可燃材料堆场，甲类仓库、室外变、配电站</td><td>20</td><td>25</td><td>30</td></tr>
<tr><td colspan="2">民用建筑</td><td>18</td><td>20</td><td>25</td></tr>
<tr><td rowspan="3">其他建筑</td><td>一、二级</td><td>10</td><td>12</td><td>14</td></tr>
<tr><td>三级</td><td>12</td><td>14</td><td>16</td></tr>
<tr><td>四级</td><td>14</td><td>16</td><td>18</td></tr>
</table>

注：固定容积氧气储罐的总容积按储罐几何容积（m^3）和设计储存压力（绝对压力，105Pa）的乘积计算。

医用液氧储罐与医疗卫生机构内部建筑物、构筑物之间的防火间距（m）

表 12.3.1-2

建筑物、构筑物	防火间距	规范依据
医院内道路	3.0	《医用气体工程技术规范》GB 50751—2012第4.6.4条3
一、二级建筑物墙壁或突出部分	10.0	
三、四级建筑物墙壁或突出部分	15.0	
医院变电站	12.0	
独立车库、地下车库出入口、排水沟	15.0	
公共集会场所、生命支持区域	15.0	
燃煤锅炉房	30.0	
一般架空电力线	≥1.5倍电杆高度	

注：1. 当面向液氧储罐的建筑外墙为防火墙时，液氧储罐与一、二级建筑物墙壁或突出部分的防火间距不应<5.0m，与三、四级建筑物墙壁或突出部分不应<7.5m；

2. 单罐容积不应>5m³，总容积不宜>20m³；

3. 相邻储罐之间距离不应小于最大储罐直径的0.75倍；

4. 液氧储罐周围5m范围内不应有可燃物和沥青路面；

5. 储罐站应设置防火围堰，围堰的有效容积不应小于围堰最大液氧储罐的容积，且高度不应<0.9m；

6. 氧气储罐及医用液氧储罐本应设置标识和警示标志，周围应设置安全标识。

12.3.2 医用分子筛制氧站、医用气体储存库防火要求

表 12.3.2

建筑物、构筑物	防火要求	规范依据
医用分子筛制氧站、医用气体储存库	1. 应布置为独立单层建筑物，其耐火等级不应低于二级。 2. 与其他建筑物毗连时，其毗连的墙应为耐火极限不<3.0h，且无门、窗、洞的防火墙，站房应至少设一个直通室外的门。 3. 建筑物围护结构上的门窗应向外开启，并不得采用木质、塑钢等可燃材料制作。 4. 医用气体储存库不应布置在地下空间或半地下空间，储存库内不得有地沟、暗道，库房内应设置良好的通风、干燥措施	《医用气体工程技术规范》GB 50751—2012 第 4.6.5 条
医用气体供应源（除医用空气供应源、医用真空供应源）	不应设置在地下空间或半地下空间	《医用气体工程技术规范》GB 50751—2012 第 4.6.7 条

12.4 医疗建筑防火分区

防火等级	防火分区要求	规范依据
医院耐火等级不应低于二级（医院和疗养院的住院部分采用三级耐火等级建筑时，不应超过2层；采用四级耐火等级时，应为单层；设置在三级耐火等级的建筑内时，应布置在首层或二层；设置在四级耐火等级的建筑内时，应布置在首层。	1. 医院建筑的防火分区应结合建筑布局和功能分区划分。 2. 防火分区的面积除应按建筑物的耐火等级和建筑高度确定外，病房部分每层防火分区内，尚应根据面积大小和疏散路线进行再分隔。同层有2个及2个以上护理单元时，通向公共走道的单元入口处应设乙级防火门，设在走道上的防火门采用常开防火门。 3. 高层建筑内的门诊大厅，设有火灾自动报警系统和自动灭火系统并采用不燃或难燃材料装修时，地上部分防火分区的最大建筑面积为4000m^2。 4. 医院建筑内的手术部，当设有火灾自动报警系统，并采用不燃或难燃材料装修时，地上部分防火分区的最大建筑面积为4000m^2。 5. 防火分区内的病房、产房、手术部、精密贵重医疗设备用房等，均应采用耐火极限不低于2.00h的不燃材料与其他部分隔开	《建筑设计防火规范》GB 50016—2014第5.4.5条 《综合医院建筑设计规范》GB 51039—2014第5.24.2条

12.5 医院安全疏散

12.5.1 安全出口

类别	技术要点	规范依据
安全出口	每个护理单元应有2个不同方向的安全出口	《综合医院建筑设计规范》GB 51039—2014第5.24.3条
	尽端式护理单元，或自成一区的治疗用房，其最远一个房间门至外部安全出口的距离和房间内最远一点到房门的距离，均未超过建筑设计防火规范规定时，可设1个安全出口	

12.5.2 疏散楼梯、走道和门的净宽

类别	技术要点				规范依据
	疏散楼梯净宽	疏散走道净宽（m）		疏散门净宽（m）	
医院	疏散楼梯1.3m 主楼梯 1.65m 楼梯平台2.0m	单面布房	双面布房	楼梯间的首层疏散门、首层疏散外门1.3m；抢救、病房、手术室门1.1m；放射科防护门1.2m；一般门1.0m	《建筑设计防火规范》GB 50016—2014第5.5.17条、第5.5.18条
		1.4	1.5		
		通行推床的走道2.4m			

注：1. 首层楼梯间应直通室外，确有困难时，可在首层采用扩大封闭楼梯间或防烟楼梯间前室。当层数不超过4层且未采用扩大的封闭楼梯间或防烟楼梯间前室时，可将直通室外的门设置在离楼梯间不>15m处。

2. 医疗用房应设疏散指示标识，疏散走道及楼梯间均应设应急照明。

12.6 高层病房楼避难间

类别	技术要点	规范依据
高层病房楼应在二层及以上的病房楼层和洁净手术部设置避难间	1. 避难间服务的护理单元不应超过2个，其净面积应按每个护理单元不＜25.0m^2确定	《建筑设计防火规范》GB 50016—2014 第5.5.24条
	2. 避难间兼作其他用途时，应保证人员的避难安全，且不得减少可供避难的净面积	
	3. 应靠近楼梯间，并应采用耐火极限不＜2.00h的防火隔墙和甲级防火门与其他部位分隔	
	4. 应设置消防专线电话和消防应急广播	
	5. 避难间的入口处应设置明显的指示标志	
	6. 应设置直接对外的可开启窗口或独立的机械防烟设施，外窗应采用乙级防火窗	

12.7 综合医院一般规定

类别	技术要点	规范依据
住院部	1. 住院部分不应设置在地下或半地下。 2. 病房楼内相邻护理单元之间应采用耐火极限不＜2.00h的防火隔墙分隔，隔墙上的门应采用乙级防火门，设置在走道上的防火门应采用常开防火门。 3. 住院部婴儿间应有防鼠、防蚊蝇等措施	《建筑设计防火规范》GB 50016—2014第5.4.5条

续表

<table>
<tr><th colspan="2">类别</th><th>技术要点</th><th>规范依据</th></tr>
<tr><td rowspan="4">医技部</td><td>放射治疗科</td><td>1. 放射科用房防护设计应符合国家现行有关医用X射线诊断、卫生防护标准的规定。
2. 钴60治疗室、加速器治疗室、γ刀治疗室及后装机治疗室的出入口应设迷路，且有用线束照射方向应尽可能照射在迷路墙上。防护门和迷路门的净宽应满足设备要求。
3. 放射治疗科用房防护应按国家现行有关后装γ源近距离卫生防护标准、γ远距治疗室设计防护要求、医用电子加速器卫生防护标准、医用X射线治疗卫生防护标准等的规定设计。
4. 核医学用房应按国家现行有关临床核医学卫生防护标准的规定设计。
5. 核医学的固体废弃物、废水应按国家现行有关医用放射性废弃物管理卫生防护标准的规定处理后排放。
6. 核医学用房防护应按国家现行有关临床核医学卫生防护标准的规定设计</td><td rowspan="4">《综合医院建筑设计规范》GB 51039—2014第5.8～5.19条</td></tr>
<tr><td>检验科</td><td>危险化学试剂附近处应设有紧急洗眼处和淋浴</td></tr>
<tr><td>功能检查科</td><td>心脏运动负荷检查室应设氧气终端机</td></tr>
<tr><td>药剂科</td><td>贵重药、剧毒药、麻醉药、限量药的库房，以及易燃易爆药品的贮藏处，应有安全设施</td></tr>
</table>

续表

类别	技术要点	规范依据
其他	医疗建筑内的手术室或手术部、产房、重症监护室、贵重精密医疗装备用房、储藏间、实验室、胶片室等，附设在医院建筑内的儿童活动场所与老年活动场所，应采用耐火极限不<2.00h的防火隔墙和<1.00h的楼板与其他场所或部位分隔，墙上必须设置的门、窗应采用乙级防火门、窗	《建筑设计防火规范》GB 50016—2014第6.2.2条

12.8 传染病医院安全设计

类别	技术要点	规范依据
门诊部	1. 门诊部应按肠道、肝炎、呼吸道门诊等不同传染病分设不同门诊区域，并应分科室设置候诊室和诊室。 2. 病人候诊区应与医务人员诊断工作区分开布置，并应在医务人员进出诊断工作区出入口处设医务人员卫生通过室	《传染病医院建筑设计规范》GB 50849—2014第5.2～5.7条
急诊部	1. 急诊部入口处应设置筛查区（间），并应在急诊部入口毗邻处设置隔离观察病区或隔离病室。 2. 隔离观察病区或病室应全部按1床间安排	
住院部	1. 住院病区应划分污染区、半污染区与清洁区，并应划分洁污人流、物流通道。 2. 不同类型传染病人应分别安排在不同病区。 3. 呼吸道传染病区，在医务人员走廊与病房之间应设置缓冲前室，并应设置非手动式或自动感应龙头洗手池，过道墙上应设置双门密闭式传递窗。 4. 住院部应根据需要设置负压病房区和重症监护病房（ICU）隔离负压小间。呼吸道传染病重症监护病区应采用单床小隔间，并应采用负压系统	

续表

类别	技术要点	规范依据
后勤保障部	1. 洗衣房应按衣服、被单的洗涤、消毒、烘干、折叠加工流程布置，污染的衣服、被单接收口与清洁的衣服、被单发送口应分开设置。 2. 医疗废弃物暂存间应设置围墙与其他区域相对分隔，位置应位于院区下风向处。 3. 太平间、病理解剖室、医疗垃圾暂存处的地面与墙面，均应采用耐洗涤消毒材料，地面与墙裙均应采取防昆虫、防鼠雀以及其他动物侵入的措施	《传染病医院建筑设计规范》GB 50849—2014 第 5.2～5.7 条

12.9 精神专科医院安全设计

类别	技术要点	规范依据
门诊部	1. 诊室应设置医生应急撤离门或医生工作走廊。 2. 用于司法鉴定的受检等候室与鉴定室应毗邻设置，外窗应采取视线遮挡措施，并应加装防护栏杆	《精神专科医院建筑设计规范》GB 51058—2014
住院部	每个病区内患者区域与医护人员区域应相对独立	
医技部	1. 医技部内部医护人员与患者流线宜相对分开，并应便于医院对门诊、住院两种不同类型患者进行检查时的管理。 2. 电抽搐治疗用房应设置在安静、干扰少的地段，配置有充气床袖带的病床，并应配备医疗槽，同时应设置氧气、负压、麻醉气体装置以及电气接口	

续表

类别	技术要点	规范依据
室内装修与安全防护	1. 住院部病房、隔离室以及患者集中活动场所内，不应采用装配式吊顶构造和可被吊挂的构造或构件。 2. 患者活动区域内的门窗设置应符合下列要求： (1) 窗的开启部分应做好水平、上下限位构造处理，开启部分宜设置防护栏杆。门窗插销宜选用按钮暗构造，不应使用布幔窗帘。 (2) 病房门、病人使用的盥洗室、淋浴间的门应朝外开。病房门应设长条观察窗，玻璃应选用安全玻璃。门的执手应选用不易被吊挂的形式，门铰链应采用短型铰链，不应设置闭门器。 (3) 玻璃应选用安全玻璃。 (4) 所有紧固件均应不易松动。 3. 患者活动区域内需设置嵌墙壁柜时，壁柜不应代替隔墙。壁柜的设置应避免人员在内藏匿。柜橱门拉手宜采用凹槽形式。 4. 走廊安装防撞带时，应选择紧靠墙面型构件。 5. 卫生间、盥洗室、浴室应符合下列要求： (1) 患者使用的卫生间、浴室隔间的宽度不应<1.10m，深度不应<1.40m，门闩应内外双向开启、闭锁。隔间门高度应方便医护人员巡视。 (2) 不应设置输液吊钩、毛巾杆、浴帘杆、杆型把手（采用特殊设计的防打结把手除外）等。	《精神专科医院建筑设计规范》GB 51058—2014

续表

类别	技术要点	规范依据
室内装修与安全防护	（3）卫生间的地面应采用防滑防湿材料，并应符合排水要求。 （4）卫生间、盥洗室、浴室使用的镜子，应采用镜面金属板或其他不易碎裂材料制成。 6. 隔离室的设置应符合下列要求： （1）隔离室墙面、地面及顶棚均应采用软材质材料专修。所有材料及构造做法应坚固。 （2）隔离室内应设置视频监控系统。 （3）除视频监控摄像头外，室内不应出现管线、吊架等任何突出物。 （4）隔离室门应设置观察窗，室内一侧不应设置突出的门执手	《精神专科医院建筑设计规范》GB 51058—2014

12.10　建筑结构

12.10.1　抗震设防类别

抗震设防类别	特殊设防类	三级医院中承担特别重要医疗任务的门诊、医技、住院用房	《建筑工程抗震设防分类标准》GB 50223—2008 第4.0.3条
	重点设防类	二、三级医院的门诊、医技、住院用房，具有外科手术室或急诊科的乡镇卫生院的医疗用房，县级及以上急救中心的指挥、通信、运输系统的重要建筑，县级及以上的独立采供血机构的建筑	

注：工矿企业的医疗建筑，可比照城市的医疗建筑示例确定其抗震设防类别。

12.10.2 特殊设防类的医疗建筑，应按高于本地区抗震设防烈度提高一度的要求加强其抗震措施；但抗震设防烈度为9度时应按比9度更高的要求采取抗震措施。同时，应按批准的地震安全性评价的结果且高于本地区抗震设防烈度的要求确定其地震作用。

12.10.3 重点设防类的医疗建筑，应按高于本地区抗震设防烈度一度的要求加强其抗震措施；但抗震设防烈度为9度时应按比9度更高的要求采取抗震措施；地基基础的抗震措施，应符合有关规定。同时，应按本地区抗震设防烈度确定其地震作用。

12.10.4 医疗建筑结构抗震设计中的特殊设防类和重点设防类建筑，其安全等级宜规定为一级。

12.10.5 非结构构件，包括医疗建筑非结构构件和支承于医疗建筑的附属机电设备，自身强度及其与主体结构的连接，应进行抗震验算。

12.11 给排水

12.11.1 给水排水管道不应架空穿越洁净室、强电和弱电机房、CT和核磁共振等无菌或重要设备室。

12.11.2 下列场所的用水点应采用非接触性或非手动开关，并应防止污水外溅，具体如下表。

采用非接触性或非手动开关的用水点	公共卫生间的洗手盆、小便斗、公共卫生间的大便器	《综合医院建筑设计规范》GB 51039—2014第6条
	诊室、检验科和配方室等房间的洗手盆	
	产房、手术刷手池室、护士站室、治疗室、洁净无菌室、供应中心、ICU、血液病房和烧伤病房等房间的洗手盆	
	传染病房或传染病门急诊的洗手盆水龙头应采用感应自动水龙头	
	其他有无菌要求或需要防止交叉感染的场所的卫生器	

12.11.3 医院医疗区污废水的排放应与非医疗区污废水分流排放，非医疗区污废水可直接排入城市污水排水管道。

12.11.4 医院医疗区下列场所应采用独立的排水系统或间接排放。

采用独立的排水系统或间接排放	综合医院的传染病门急诊和病房的污水应单独收集处理，经灭活消毒二级生化处理后再排入城市污水管道	《综合医院建筑设计规范》GB 51039—2014第6条
	放射性废水应单独收集处理	
	牙科废水应单独收集处理	
	医院专用锅炉排污、中心供应消毒凝结水等应单独收集并设置降温池或降温井	

12.11.5 排放含有放射性污水的管道应采用机制铸铁（含铅）管道，立管并应安装在壁厚不＜150mm的混凝土管道井内。

12.11.6 当医院热水系统有防止烫伤要求时，淋浴或浴缸用水点应设置冷、热水混合水温控制装置，使用水点且最高出水温度在任何时间都不应大于49℃。原则是随用随配。

12.11.7 洗婴池、手术室等处集中盥洗室的水龙头应采用恒温供水，供水温度宜为30℃。

12.12 建筑电气

12.12.1 医疗建筑应由双路电源供电，三级医院应（二级医院宜）设置应急柴油发动机组。

12.12.2 变电所（柴油发电机房）、智能化机房安全设计要求

变电所（柴油发电机房）	1. 不应设置在中心（消毒）供应、检验科、净化等医疗场所的正下方。 2. 不应布置在厕所、浴室、厨房或其他经常积水场所的正下方，且不宜与其相贴邻。 3. 装有可燃油电气设备的变配电室，不应设在人员密集场所的正上方、正下方、贴邻和疏散出口的两旁。 4. 不应设置在地势低洼和可能积水的场所。 5. 需要远离大型医技设备（如：MRI）磁体中心，并应保持足够的安全距离。 6. 不应（宜）与诊疗设备用房、住院病房、电子信息系统机房等相贴邻，如受条件限制而贴邻时，应作屏蔽和消声降噪等处理。	《20kV及以下变电所设计规范》GB 50053—2013第2.0.1、20.3、20.4.2条 《民用建筑电气设计规范》JGJ 16—2008第4.2条、第4.9.6条、第4.9.10条、第4.9.12条

续表

变电所（柴油发电机房）	7. 柴油发电机房应采取机组消声及机房隔声综合治理措施，排烟管道的设置应达到环境保护要求。 8. 应设置防雨雪和小动物从采光窗、通风口、门、电缆沟等进入室内的设施。 9. 电缆夹层、电缆沟和电缆室应采取防水、排水措施。 10. 变配电所不宜设在对防电磁干扰较高要求的设备机房正上方、正下方或与其贴邻	《20kV 及以下变电所设计规范》GB 50053—2013 第 2.0.1、20.3、20.4.2 条 《民用建筑电气设计规范》JGJ 16—2008 第 4.2 条、第 4.9.6 条、第 4.9.10 条、第 4.9.12 条
智能化机房（消防控制室）	1. 不应设置在中心（消毒）供应、检验科、净化等医疗场所的正下方； 2. 不应布置在厕所、浴室、厨房或其他经常积水场所的正下方，且不宜与其相贴邻。 3. 不应设置在地势低洼和可能积水的场所。 4. 重要机房应远离强磁场所。 5. 应根据系统的风险评估采取防雷措施，应做等电位联结。 6. 消防控制室不应设置在电磁场干扰较强及其他可能影响消防控制设备正常工作的房间内附近	《民用建筑电气设计规范》JGJ 16—2008 第 23.2.1 条 《火灾自动报警系统设计规范》GB 50116—2013 第 3.4.7 条 《数据中心设计规范》GB 50174—2017 第 4.1.7、8.4.4 条

12.12.3 生物电类检测设备、医疗影像等诊疗设备用房电气安全设计要求

生物电类检测设备、医疗影像设备房	1. 应采取电磁泄漏防护措施，设置电磁屏蔽。 2. 易受辐射干扰的诊疗设备用房不应与电磁干扰源用房贴邻。 3. 不应设置在中心（消毒）供应、检验科、净化等医疗场所的正下方	《医疗建筑电气设计规范》JGJ 312—2013第9.5.1、9.5.2条

12.12.4 手术室、抢救室、重症监护等2类医疗场所的配电安全设计

手术室、抢救室、重症监护等2类医疗场所	1. 应采用医用IT系统。 2. 配置绝缘监测系统和总等电位联结。 3. 设置为其服务的不间断电源室、隔离变压器室等	《综合医院建筑设计规范》GB 51039—2014第8.3.5、8.1.1、8.1.2条 《医疗建筑电气设计规范》JGJ 312—2013第5.4.3条

12.13 空调通风系统

类别	技术要求	规范依据
空调系统划分	1. 应根据室内空调设计参数、医疗设备、卫生学、使用时间、空调负荷等要求合理分区。 2. 各功能区域宜独立，宜单独成系统。 3. 各空调分区应能互相封闭，并应避免空气途径的医院感染。 4. 有洁净度要求的房间和重污染的房间，应单独成一个系统。 5. 所有区域应进行严格的风量平衡计算，确保气流组织符合医院控制感染的要求	《综合医院建筑设计规范》GB 51039—2014第7.1.7条

续表

类别	技术要求	规范依据
通风系统设计	1. 集中空调通风系统风管应当光滑，易于清理，不得释放有毒有害物质。 2. 采用集中空调系统医疗用房的送风量不宜<6 次/h，新风量每人不应<40m³/h 或 2 次/h。 3. 集中空调系统和风机盘管机组的回风口必须设置初阻力小 50Pa、微生物一次通过率不>10%和颗粒物一次计重通过率不>5%的过滤设备。 4. 没有特殊要求的排风机应设置在排风管路的末端，使整个管路为负压。 5. 液氦冷却系统应单独设置排气系统，排放至室外安全区域。 6. 核医学检查室、放射治疗室、病理取材室、检验科、传染病房等含有有害微生物、有害气溶胶等污染物质场所的排风，应处理达标后排放。 7. 同位素治疗管理区域采用全新风空调方式，排气管宜采用氯乙烯衬里风管，排风系统中设置气密性阀门。储藏放射性同位素的房间应 24h 排风。 8. 放射科自动洗片机排风管应采用防腐蚀的风管，且设置止回阀	《公共场所集中空调通风系统卫生规范》WS 394—2012 第 3.33 条、第 7.1.10、7.1.11、7.1.13 条 《综合医院建筑设计规范》GB 51039—2014 第 7.1.14、7.1.15 条，第 7.7.6、7.7.7、7.7.9 条

续表

类别	技术要求	规范依据
冷却塔设置	1. 设置位置应远离人员聚集区域、建筑物新风取风口或自然通风口，不应设置在新风口的上风向。 2. 宜设置冷却水系统持续消毒装置，不得检出嗜肺军团菌	《公共场所集中空调通风系统卫生规范》WS 394—2012 第3.13条，第7.1.10、7.1.11、7.1.13条
防辐射设计	1. 放射科在有射线屏蔽的房间，对于穿墙后的风管和配管，应采取不小于墙壁铅当量的屏蔽措施。 2. 磁共振MRI采用无磁风管。 3. 同位素治疗管理区域排气管宜采用氯乙烯衬里风管	《综合医院建筑设计规范》GB 51039—2014 第7.7.6、7.7.7、7.7.9条

13 托儿所、幼儿园建筑安全设计

13.1 场地

类别	技术要求
地质安全	基地不应置于易发生自然地质灾害的地段
	园内不应有高压输电线、燃气、输油管道主干道等穿过
环境安全	基地选择应方便家长接送、避免交通干扰，应建设在日照充足、场地平整干燥、排水通畅、环境优美、基础设施完善的地段，能为建筑功能分区、出入口、室外游戏场地的布置提供必要条件
	基地不应与大型公共娱乐场所、商场、批发市场等人流密集的场所毗邻
	应远离各种污染源、噪声源，并应符合国家现行有关卫生、防护标准的要求
	与易发生危险的建筑物、仓库、储罐、可燃物品和材料堆场等之间的距离应符合国家现行有关标准的规定
	应避开处在四周高层建筑林立的夹缝中与其他建筑的阴影区内

续表

类别	技术要求
防火安全	三个班及以上的托儿所、幼儿园建筑应独立设置。两个班及以下时，可与居住建筑合建，但应符合下列规定： 1. 幼儿生活用房应设在居住建筑的底层； 2. 应设独立出入口，并应与其他建筑部分采取隔离措施； 3. 出入口处应设置人员安全集散和车辆停靠的空间； 4. 应设独立的室外活动场地，场地周围应采取隔离措施； 5. 室外活动场地范围内应采取防止物体坠落措施
	汽车库不应与托儿所、幼儿园组合建造。当符合下列要求时，汽车库可设置在托儿所、幼儿园的地下部分： 1. 汽车库与托儿所、幼儿园建筑之间，应采用耐火极限≥2.00h的楼板完全分隔； 2. 汽车库与托儿所、幼儿园的安全出口和疏散楼梯应分别独立设置

13.2 总平面

类别	技术要求
功能分区安全设计	各用地及建筑间应分区合理、方便管理、朝向适宜、日照充足，流线互不干扰，尽量扩大绿化用地范围，合理安排园内道路，正确选择出入口位置，创造符合幼儿生理、心理特点的环境空间

续表

类别	技术要求
出入口安全设置	不应直接设置在城市干道一侧；其出入口应设置供车辆和人员停留的场地，且不应影响城市道路交通
	主要出入口应设于面向主要接送婴幼儿人流的次要道路上，或主要道路上的后退开阔处
	次要出入口（供应用房使用）应与主要出入口分开设置，保证交通运输方便
	当托儿所和幼儿园合建时，托儿生活部分应单独分区，并应设单独出入口
	基地周围应设围护设施，围护设施应安全、美观，并应防止幼儿穿过和攀爬。在出入口处应设大门和警卫室，警卫室对外应有良好的视野
建筑物安全设计	应设在用地最好的地段与方位上，以保证良好的采光和自然通风条件，幼儿生活用房应满足日照时数标准要求
	建筑层数：有独立基地的托儿所、幼儿园生活用房布置2～3层为宜，且不应布置在4层及以上。托儿所部分应布置在一层

续表

类别	技术要求
建筑物安全设计	确需设置在其他民用建筑内时，应符合下列规定： 1. 设置在一、二级耐火等级的建筑内时，应布置在首层、二层或三层； 2. 设置在高层建筑内时，应设置独立的安全出口和疏散楼梯； 3. 设置在单、多层建筑内时，宜设置独立的安全出口和疏散楼梯
室外活动场地安全设计	地面应平整、防滑、无障碍、无尖锐突出物，并宜采用软质地坪
	集体活动场地应选择日照、通风良好，且不被道路穿行的独立地段上
	器械活动场地宜设置在共用游戏场地的边缘地带，自成一区
	戏水池面积不宜＞$50m^2$，水深不应＞0.30m，可修建成各种形状
	游泳池形状和边角要求圆滑，在池边应设扒栏；水深应控制在0.50～0.80m，池底应平整，并设上岸踏步
	种植园避免种植有毒、有刺的植物
	小动物房舍宜接近供应用房区，便于职工参与对小动物的照料
	游戏器具下面及周围应设软质铺装

续表

类别	技术要求
绿化与道路安全设计	宜设置集中绿化用地，并不应种植有毒、带刺、有飞絮、病虫害多、有刺激性的植物
	从主要出入口到进入建筑的路线，应避免穿越室外游戏场地
杂物院安全设计	宜在供应区内设置杂物院，并应与其他部分相隔离。杂物院应有单独的对外出入口

13.3 建筑

13.3.1 平面设计要求

类别	技术要求
活动室 寝室	同一个班的活动室与寝室应设置在同一楼层内
	寝室应保证每一幼儿设置一张床铺的空间，不应布置双层床
喂奶室 配乳室	应临近乳儿室；喂奶室还应靠近对外出入口
	当使用有污染性的燃料时，应有独立的通风、排烟系统
厕所 盥洗室 淋浴室	地面不应设台阶，地面应防滑和易于清洗
	厕所大便器宜采用蹲式便器，大便器或小便槽均应设隔板，隔板处应加设幼儿扶手
衣帽 储藏室	封闭的衣帽储藏室宜设通风设施

续表

类别	技术要求
多功能活动室	宜临近幼儿生活用房，不应和服务、供应用房混设在一起
	单独设置时，宜用连廊与主体建筑连通，连廊应做雨篷；严寒和寒冷地区应做封闭连廊
	应设两个双扇外开门，每个门净宽不应＜1.20m，且应为木制门
晨检室（厅）	应设在建筑物的主入口处，并应靠近保健观察室
保健观察室	应与幼儿生活用房有适当的距离，并应与幼儿活动路线分开
	宜设单独出入口
	应设独立的厕所，厕所内应设幼儿专用蹲位和洗手盆
淋浴室	教职工的卫生间、淋浴室应单独设置，不应与幼儿合用
厨房	厨房应自成一区，并与幼儿活动用房应有一定距离
	厨房应按工艺流程合理布局，避免生熟食物的流线交叉，并应符合国家现行有关卫生标准和现行行业标准《饮食建筑设计规范》JGJ 64 的规定
	应设置专用对外出入口，杂物院同时作为燃料堆放和垃圾存放场地

续表

类别	技术要求
厨房	厨房室内墙面、隔断及各种工作台、水池等设施的表面应采用无毒、无污染、光滑和易清洁的材料；墙面阴角宜做弧形；地面应防滑，并应设排水设施
	通风排气良好，排烟排水通畅，应考虑防鼠、防潮、避蝇等设施
其他用房	应设玩具、图书、衣被等物品专用消毒间
	汽车库应与儿童活动区域分开，应设置单独的车道和出入口

13.3.2 防火设计

类别	技术要求
安全疏散	位于两个安全出口之间或袋形走道两侧的房间的建筑面积≤50m² 时，可设置 1 个疏散门。其他房间的疏散门数量应经计算确定且不应少于 2 个
	活动室、寝室、多功能活动室等幼儿使用的房间应设双扇平开门，门净宽不应<1.20m
	走廊的最小净宽详见表 13.3.2
	幼儿经常通行和安全疏散的走道，不应设有台阶。必要时应设防滑坡道，其坡度不应大于 1∶12
	疏散走道的墙面距地面 2m 以下不应设有壁柱、管道、消火栓箱、灭火器、广告牌等突出物

续表

类别	技术要求
疏散楼梯	楼梯间应有直接的天然采光和自然通风，在首层应直通室外
	幼儿使用的楼梯不应采用扇形、螺旋形踏步
防火分隔	附设在其他建筑内的托儿所、幼儿园的儿童用房，应采用耐火极限≥2.00h的防火隔墙和≥1.00h的楼板与其他场所或部位分隔，墙上必须设置的门、窗应采用乙级防火门、窗

走廊的最小净宽　　表 13.3.2

走廊布置 房间名称	中间走廊（m）	单面走廊或外廊（m）
生活用房	2.4	1.8
服务、供应用房	1.5	1.3

注：此表引自《托儿所、幼儿园建筑设计规范》JGJ 39—2016。

13.3.3　安全防护设计

类别	技术要求
安全避难场地	平屋顶可作为安全避难和室外活动场地，但应有防护设施
楼梯	幼儿使用的楼梯，当楼梯井净宽度＞0.11m时，必须采取防止幼儿攀爬措施
	严寒地区不应设置室外楼梯
栏杆	楼梯栏杆应采取不易攀爬的构造，当采用垂直杆件做栏杆时，其杆件净距不应＞0.11m
扶手	楼梯除设成人扶手外，应在梯段两侧设幼儿扶手，其高度宜为0.60m

续表

类别	技术要求
踏步	供幼儿使用的楼梯踏步高度宜为0.13m，宽度宜为0.26m，踏步面应采用防滑材料
护栏	外廊、室内回廊、内天井、阳台、上人屋面、平台、看台及室外楼梯等临空处应设置防护栏杆
	栏杆应以坚固、耐久的材料制作，防护栏杆水平承载能力应符合《建筑结构荷载规范》GB 50009的规定
	防护栏杆的高度应从地面计算，且净高不应<1.10m，内侧不应设有支撑
	防护栏杆必须采用防止幼儿攀登和穿过的构造，当采用垂直杆件做栏杆时，其杆件净距离应≤0.11m
	当窗台面距楼地面高度<0.90m时，应采取防护措施，防护高度应由楼地面起计算，应≥0.90m

13.3.4 材料及构造安全设计

类别	技术要求
门	不应设置旋转门、弹簧门、推拉门，不宜设金属门
	活动室、寝室、多功能活动室的门均应向人员疏散方向开启，开启的门扇不应妨碍走道疏散通行
	距离地面1.20m以下部分，当使用玻璃材料时，应采用安全玻璃
	距离地面0.60m处宜加设幼儿专用拉手
	门的双面均应平滑、无棱角
	门下不应设置门槛
	门上应设观察窗，观察窗应安装安全玻璃
窗	活动室、多功能活动室的窗台面距地面高度不宜>0.60m
	窗距离楼地面的高度≤1.80m的部分，不应设内悬窗和内平开窗扇
	寝室的窗宜设下亮子，无外廊时须设栏杆

续表

类别	技术要求
地面	乳儿室、活动室、寝室及多功能活动室等幼儿使用的房间应做暖性、有弹性的地面，以木地板为首选
	儿童使用的通道地面应采用防滑材料
	卫生间应为易清洗、不渗水并防滑的地面
墙面	幼儿经常接触的距离地面高度 1.30m 以下的室内外墙面，宜采用光滑易清洁的材料
	墙角、窗台、暖气罩、窗口竖边等阳角处应做成圆角。加设的采暖设备应做好防护措施
其他建筑构件	出入口台阶高度＞0.30m 并侧面临空时，应设置防护设施，防护设施净高不应＜1.05m
材料选择	建筑材料、装修材料和室内设施应符合现行国家标准《民用建筑工程室内环境污染控制规范》GB 50325 的有关规定

13.4 建筑设备

13.4.1 给水排水

类别	技术要求
清扫间 消毒间	单独设置的清扫间、消毒间应配备给水和排水设施
厨房的含油污水处理	厨房的含油污水，应经除油装置处理后再排入户外污水管道
消防设施的设置	当设置消火栓灭火设施时，消防立管阀门布置应避免幼儿碰撞，并应将消火栓箱暗装设置。单独配置的灭火器应设置在不妨碍通行处
饮用水 开水炉	应设置饮用水开水炉，宜采用电开水炉
	开水炉应设置在专用房间内，并应设置防止幼儿接触的保护措施

13.4.2 建筑电气

类别	技术要求
紫外线 杀菌灯	活动室、寝室、幼儿卫生间等幼儿用房宜设置紫外线杀菌灯，也可采用安全型移动式紫外线杀菌消毒设备
	托儿所、幼儿园的紫外线杀菌等的控制装置应单独设置，并应采取防误开措施

续表

类别	技术要求
插座	插座应采用安全型，安装高度不应＜1.8m；插座回路与照明回路应分开设置，插座回路应设置剩余电流动作保护
配电箱、控制箱等电气装置	幼儿活动场所不宜安装配电箱、控制箱等电气装置；当不可避免时，应采取安全措施，装置底部距地面高度不得＜1.8m
安全技术防范系统	托儿所、幼儿园安全技术防范系统的设置应符合下列规定： 1. 幼儿园园区大门、建筑物出入口、楼梯间、走廊等应设置视频安防监控； 2. 幼儿园周边宜设置入侵报警系统、电子巡查系统； 3. 厨房、重要机房宜设置入侵报警系统

13.4.3　供暖通风和空气调节安全设计

类别	技术要求
低温地面辐射供暖方式	采用低温地面辐射供暖方式时，地面表面温度不应超过28℃
供暖系统总体调节和检修的设施	用于供暖系统总体调节和检修的设施，应设置于幼儿活动室和寝室之外
空气净化消毒装置	当采用集中空调系统或集中新风系统时，应设置空气净化消毒装置和供风管系统清洗、消毒用的可开闭窗口；当采用分散空调方式时，应设置保证室内新风量满足国家现行卫生标准的装置

续表

类别	技术要求
非集中空调设备	设置非集中空调设备的托儿所、幼儿园建筑，应对空调室外机的位置统一设计。空调设备的冷凝水应有组织排放。空调室外机应安装在室外地面或通道地面 2.0m 以上，且幼儿无法接触的位置
风口高度	防排烟系统设计应符合国家现行有关防火标准的规定，当需要设置送风口、排风口时，风口底边距地面应>1.5m

14 中小学校安全设计

14.1 场地安全设计

场地选址	学校应建设在阳光充足、空气流动、场地干燥、排水畅通、地势较高的安全地段 （《中小规》第4.1.1条）
市政交通	学校周边应有良好的交通条件。与学校毗邻的城市主干道应设置相应的安全设施，以保障学生安全通过 （《中小规》第4.1.5条）
防火间距	学校建筑之间及与其他建筑的防火间距应符合《建筑设计防火规范》GB 50016—2014的相关规定 ［《建规》第5.2.2条（强条）、5.2.3条、5.2.5条、4.4.5条（强条）］
防灾防污	学校严禁建设在地震、地质坍塌、暗河、洪涝等自然灾害及人为风险高的地段和污染超标的地段。学校与污染源的防护距离应符合环保部门的相关规定 ［《中小规》第4.1.2条（强条）］
防险防爆	学校严禁建设在高压电线、长输天然气管道、输油管道穿越或跨越的地段。学校与周界外危险管线的防护距离及安全措施应符合国家标准的相关规定 ［《中小规》第4.1.8条（强条）］
防病毒源	学校应远离殡仪馆、医院太平间、传染病院等各类病毒、病源集中的建筑 （《中小规》第4.1.3条）
防燃爆场	学校应远离甲、乙类厂房和仓库及甲、乙、丙类液体储罐（区），可燃、助燃气体储罐（区），可燃材料堆场等各类易燃、易爆的场所 （《建规》第3.4.1、3.5.1、3.5.2、4.2.1、4.3.1、4.5.1条）

14.2 用地通行安全设计

14.2.1 校园出入口

接口方式	校园出入口应与市政交通衔接，但不应直接与城市主干道连接 （《中小规》第 8.3.2 条）
安全距离	校园出入口与周边相邻基地机动车出入口的间隔距离应≥20m （《通则》第 4.1.5 条第 4 款）
分口出入	校园分位置、分主次应设≥2 个出入口，且应人车分流，并宜人车专用 （《中小规》第 8.3.1 条）
缓冲场地	主入口、正门外应设校前小广场，起缓冲场地的作用 （《中小规》第 8.3.2 条）
临时停车	主入口、正门外附近需设自行车及机动车停车场，供家长临时停车，以免堵塞校门 （《中小规》第 4.1.5 条）

14.2.2 校园道路

校园道路	应与校园主出入口、各建筑出入口、各活动场地出入口衔接，应直接与校园次出入口连接；应满足消防车至少有两处进入校园实施救援的需要 （《中小规》第 8.4.1 条、《建规》第 7.1.9 条）
道路宽度	消防车道的净宽度和净空高度均应≥4m，车行道的宽度按双车道≥7m、单车道≥4m，人行道的宽度按通行人数的 0.70m/100 人计算且宜≥3m [《建规》第 7.1.8 条第 1 款（强条）、《通则》第 5.2.2 条第 1 款、《中小规》第 8.4.3 条]

续表

道路高差	校园内人流集中的道路不宜设台阶，宜采用坡道等无障碍设施处理道路高差；道路高差变化处如设台阶时，踏步级数应≥3 级且不得采用扇形踏步 （《中小规》第 8.4.5 条及条文说明）
道路安全	校园内停车场及地下停车库的出入口，不应直接通向师生人流集中的道路 （《中小规》第 8.5.6 条）
消防车道	当有短边长度>24m 的封闭内院式建筑围合时，宜设置进入建筑内院的消防车道 （《建规》第 7.1.4 条）

14.3 总平面安全设计

14.3.1 体育场地

场地材料	应为沙质弹性地面，地面材料应满足环境卫生健康的要求。不得采用含毒物质、散发异味的塑胶跑道、塑胶场地 （《中小规》第 4.3.6 条第 5 款、第 8.1.4 条）
安全防护	各类运动场地应平整防滑、排水顺畅。各场地的周边应设无高差的安全防护空间和专用甬道。相邻场地间应预留安全分隔设施的安装条件 （《中小规》第 4.3.6 条第 1、3、4 款）
偏斜角度	室外田径场地及足、篮、排等各球类场地的长轴按南北向布置；南北长轴偏西宜<10°、偏东宜<20°，避免东西向投射、接球造成的眩光、冲撞 （《中小规》第 4.3.6 条第 2 款）

14.3.2 防污措施

动植物园	种植园、小动物饲养园应设于校园下风向的位置。种植园的肥料、小动物饲养园的粪便均不得污染校园水源和周边环境 （《中小规》第 5.3.3、5.3.17、5.3.23 条）
防污距离	学校的饮用水管线、食堂与室外公厕、垃圾站等污染源的间隔距离均应≥25m （《中小规》第 6.2.2、6.2.18 条）
隔油处理	化学实验室、食堂等排出的废水应经过档污、隔油处理后再排入排水管道 （《中小规》第 10.2.13 条）

14.3.3 供水供电

供水	学校应设置安全卫生的供水系统和自备水源。生活用水水质应符合《生活饮用水卫生标准》GB 5749 的相关规定，二次供水工程应符合《二次供水工程技术规程》CJJ 140 的相关规定 （《中小规》第 10.2.3、10.2.6 条）
直饮水	学校采用管道直饮水时，应符合《管道直饮水系统技术规程》CJJ 110 的相关规定 （《中小规》第 10.2.10 条）
中水	学校采用中水设施时，应符合《建筑中水设计规范》GB 50336 的相关规定，并采取防止学生误饮、误用的安全防范措施 （《中小规》第 10.2.12 条及条文说明）
供电	学校应设置安全可靠的供电设施和电缆线路。各建筑的电源引入处应设置电源总切断装置和接地装置，各楼层应分别设置电源切断装置 （《中小规》第 10.3.1、10.3.2 条第 3 款）

14.3.4 安全设施

学校应设置周界视频监控、报警系统，有条件的学校应接入当地的公安机关监控平台。设置标准应符合《安全防范工程技术规范》GB 50348的相关规定。(《中小规》第8.1.1条)

14.3.5 应急避难

1. 由当地政府确定为应急避难场所的学校，设计应符合国家和地方的相关规定。(《中小规》第3.0.6条)

2. 学校的广场、操场等室外场地应设置供水、供电、广播、通信等设施的接口。(《中小规》第4.3.8条)

3. 当体育场地中心与最近卫生间的距离>90m时，设室外厕所并预留扩建条件。(《中小规》第6.2.7条)

14.4 建筑安全设计

14.4.1 选用材料

中小学校建筑工程所选用的建筑材料、装修材料、保温材料、产品、部件，均应符合《建筑内部装修设计防火规范》GB 50222、《民用建筑工程室内环境污染控制规范》GB 50325的相关规定以及有关材料、产品、部件的国家标准。

（《中小规》第8.1.3条）

14.4.2 玻璃幕墙

中小学校新建、改建、扩建工程以及立面改造工程，在一层严禁采用全隐框玻璃幕墙，在二层及以上各层不得采用玻璃幕墙。

（住房城乡建设部、国家安全监管总局《关于进一步加强玻璃幕墙安全防护工作的通知》建标〔2015〕38号

深圳市人民政府办公厅《关于进一步加强玻璃幕墙墙安全防护和管理工作的通知》深府办函〔2017〕34号）

14.4.3 防滑设计

中小学校建筑设计中以下有给水设施的用房，楼地面应采用防滑构造做法，室内排水应采用防反溢功能的直通式密闭地漏。

教学用房	科学教室、化学实验室、热学实验室、生物实验室、美术教室、书法教室、游泳池（馆）等 （《中小规》第8.1.7条第3款）
其他用房	卫生室（保健室）、饮水处、卫生间、盥洗室、浴室等 （《中小规》第8.1.7条第4款）

14.4.4　防护设计

中小学校建筑设计应采取防止学生临空坠落的安全防护高度、力度和构造。

室内临空	沿外墙临空处的窗台净高应≥0.90m，<0.90m时应采取防护措施（加护栏）。 室内回廊、共享中庭、内天井等临空处的护栏净高应≥1.10m ［《中小规》第8.1.5条（强条）、《通则》第6.6.3条］
室外临空	上人屋面、外廊、楼梯、平台、阳台等临空处的护栏净高应≥1.10m。 护栏最薄弱处所能承受的水平推力应≥1.5kN/m ［《中小规》第8.1.6条（强条）］
构造措施	护栏杆件或花饰的镂空净距应≤0.11m，应采用防攀登及防攀滑的构造。 室内、外护栏净高均应从“可踏面”算起（若出现时） （《中小规》第8.7.6条第5、6款）

14.4.5　门窗设计

教学用房的门窗设计应采取利于疏散顺畅、防止外窗脱落的安全设置要求。

疏散门	各教学用房的疏散门均应向疏散方向开启，开启后不得挤占走道的疏散宽度。 （《中小规》第8.1.8条第2款）

续表

疏散门	每房间疏散门的数量和宽度应经计算确定且应≥2个门、每门净宽应≥0.90m，相邻两个疏散门间距应≥5m （《中小规》第8.8.1条、《建规》第5.5.2条） 位于袋形走道尽端的教室，当教室内任一点至疏散门的直线距离≤15.00m时，可设1个门且净宽应≥1.50m （《中小规》第8.8.1条）
内外窗	教学用房沿走廊隔墙上的内窗，在距地高度＜2m范围内，向走廊开启后不得挤占走道的疏散宽度，向室内开启后不得影响教室的使用空间。 （《中小规》第8.1.8条第3款及条文说明） 教学用房沿外墙临空处的外窗，在二层及以上各层不得向室外开启。 （《中小规》第8.1.8条第4款） 教学及教辅用房的外窗应满足采光、通风、保温、隔热、散热、遮阳等教学要求和相关规定，且不得使用彩色玻璃 （《中小规》第5.1.9条第2、4款）

14.4.6 走道设计

走道宽度	疏散走道的宽度应经计算确定且应≥2股人流，并应按0.60m/股整倍加宽 （《中小规》第8.2.2条）

续表

教学走道	单面布房的外廊及外走道净宽应≥1.80m（≥3 股人流） 双面布房的内廊及内走道净宽应≥2.40m（≥4 股人流） （《中小规》第 8.2.3 条）
走道高差	走道高差变化处应设台阶时，踏步级数应≥3 级且不得采用扇形踏步 走道高差不足 3 级踏步时应设坡道，坡道的坡度应≤1：8 且宜≤1：12 （《中小规》第 8.6.2 条）
安全措施	疏散走道应采用防滑构造做法 疏散走道上不得使用弹簧门、旋转门、推拉门、大玻璃门等欠安门 走道的疏散宽度内不得设有壁柱、消火栓、开启的门窗扇等凸障物 （《中小规》第 8.1.7 条第 1 款、8.1.8 条第 1 款、8.6.1 条第 2 款）

14.4.7 楼梯设计

楼梯宽度	疏散楼梯的宽度应经计算确定且应≥2 股人流，并应按 0.60m/股整倍加宽 （《中小规》第 8.7.2 条）
楼梯踏步	小学楼梯每级踏步的踏宽应≥0.26m、踏高应≤0.15m 中学楼梯每级踏步的踏宽应≥0.28m、踏高应≤0.16m （《中小规》第 8.7.3 条第 1、2 款）
楼梯梯段	梯段净宽应≥1.20m、坡度应≤30°、3 级≤踏步级数应≤18 级 （《中小规》第 8.7.2 条、8.7.3 条及第 3 款）

续表

楼梯平台	平台净深应≥梯段净宽且应≥1.20m （《通则》第6.7.3条）
楼梯梯井	梯井净宽应≤0.11m，>0.11m时应采取防护措施（按临空处扶手净高） （《中小规》第8.7.5条）
楼梯栏杆	梯栏杆件或花饰的镂空净距应≤0.11m，应采用防攀登及防攀滑的构造 （《中小规》第8.7.6条第5、6款）
扶手设置	梯宽1.20m时可一侧设，1.80m时应两侧设，2.40m时两侧及中间均设 （《中小规》第8.7.6条第1、2、3款）
扶手净高	室内楼梯的梯段扶手净高应≥0.90m，临空处的梯段扶手净高应≥1.10m 室外楼梯的梯段扶手净高应≥1.10m，室内、外楼梯水平扶手净高均应≥1.10m 室内、外楼梯扶手净高均应从“可踏面”算起（若出现时） （《中小规》第8.7.6条第4款）
安全措施	疏散楼梯不得采用螺旋楼梯和扇形踏步。 两相邻梯段间不得设置遮挡视线的隔墙，楼梯间应有天然采光和自然通风。 除首层及顶层外，中间各层的楼梯入口处宜设净深≥梯段净宽的缓冲空间 （《中小规》第8.7.4、8.7.7、8.7.8、8.7.9条）

14.4.8 建筑出入口

接口方式	各建筑出入口应与校园道路衔接，应满足安全出口、人员疏散和消防救援的需要 （《中小规》第8.4.1条）

续表

分口出入	地下设停车库时，停车库与上部教学建筑的出入口（及疏散楼梯）应分别独立设置 （《车防规》第4.1.4条第2款）
安全出口	每栋建筑安全出口的数量和宽度应经计算确定，应满足首层出入口疏散外门的总净宽要求 （《中小规》第8.2.3条）
分流疏散	每栋建筑分位置、分主次应设≥2个出入口，相邻2个出入口间距应≥5m。 （《建规》第5.5.2条） 建筑总层数≤3层，每层建筑面积≤200m²，第二、第三层的人数之和≤50人的单栋建筑可设1个出入口（及疏散楼梯） （《建规》第5.5.8条表5.5.8）
疏散外门	教学建筑首层出入口外门净宽应≥1.40m，门内、外各1.50m范围内均无台阶 （《中小规》第8.5.3条）
安全措施	教学建筑出入口应设置无障碍设施，并应采取防上部坠物、地面跌滑的措施。 （《中小规》第8.5.5条） 无障碍出入口的门、过厅如设两道门，同时开启后两道门扇的间距应≥1.50m （《无障碍设计规范》第3.3.2条第5款）

14.4.9 防火设计

中小学校建筑防火应符合《建筑设计防火规范》GB 50016—2014、《中小学校设计规范》GB 50099—2011的相关规定。

地上楼层	小学的主要教学用房不应设在四层以上，中学的主要教学用房不应设在五层以上；辅助用房和行政办公用房可酌情设在四、五层以上，但不宜高层 （《中小规》第4.3.2条）

续表

耐火等级	较大规模时按建筑高度≤24m的多层重要公共建筑，耐火等级不应低于二级 [《建规》第2.1.3条的条文说明、第5.1.3条第2款（强条）]
防火分区	每个防火分区最大允许建筑面积应≤2500m²（无须设置自动喷水灭火系统） [《建规》第5.3.1条表5.3.1（强条）]
疏散楼梯	五层及以下的教学建筑可以采用敞开楼梯间，有条件时尽量采用封闭楼梯间 [《建规》第5.5.13条第4款（强条）]
疏散宽度	每层的房间疏散门、疏散走道、疏散楼梯和安全出口的各自总净宽度，应根据每层的班数及班额人数确定出每层的疏散人数后，按与建筑总层数相对应的每层每100人的最小净宽度计算确定。见附表1 （《中小规》第8.2.3条表8.2.3）
疏散距离	教学建筑各房间疏散门至安全出口的直线距离，即各房间通过疏散走道疏散至楼梯间的直线距离。疏散走道采用敞开式外廊时，疏散至楼梯间的直线距离可按本表增加5m。见附表2 [《建规》第5.5.17条表5.5.17（强条）]

附表1 教学建筑防火设计疏散宽度计算表

每层的房间疏散门、疏散走道、疏散楼梯和安全出口的最小净宽度（m/100人）

建筑总层数	耐火等级		
	一、二级	三级	四级
地上四、五层时	地上每层均按≥1.05m/每100人	≥1.30m/每100人	—

续表

建筑总层数	耐火等级		
	一、二级	三级	四级
地上三层时	地上每层均按≥0.80m/每100人	≥1.05m/每100人	—
地上一、二层时	地上每层均按≥0.70m/每100人	≥0.80m/每100人	≥1.05m/每100人
地下一、二层时	地下每层均按≥0.80m/每100人	—	—

注：1. 当每层疏散人数不等时，疏散楼梯的总净宽度可分层计算：地上建筑内下层楼梯的总净宽度应按该层及以上疏散人数最多一层的人数计算；地下建筑内上层楼梯的总净宽度应按该层及以下疏散人数最多一层的人数计算。

2. 首层出入口外门的总净宽应按该建筑内疏散人数最多一层的人数计算。

附表2　教学建筑防火设计疏散距离计算表

直通疏散走道的房间疏散门至最近安全出口的直线距离（m）

单、多层教学建筑	位于两个安全出口之间的疏散门		
	一、二级	三级	四级
至最近敞开楼梯间	≤30m	≤25m	≤20m
至最封闭楼梯间	≤35m	≤30m	≤25m

续表

单、多层教学建筑	位于袋形走道两侧或尽端的疏散门		
	一、二级	三级	四级
至最近敞开楼梯间	≤20m	≤18m	≤8m
至最近封闭楼梯间	≤22m	≤20m	≤10m

14.4.10 抗震设计

中小学校建筑抗震应符合《建筑抗震设计规范》GB 50011、《建筑工程抗震设防分类标准》GB 50223 的相关规定。

1. 教学用房、学生宿舍、食堂的抗震设防类别不应低于重点设防类（乙类），应按比本地区抗震设防烈度提高 1 度的要求加强其抗震措施。当该地区抗震设防烈度为 9 度时，应按比 9 度更高的要求加强其抗震措施。

2. 形体不规则的建筑应按抗震设计要求采取加强措施，特别不规则的建筑应进行专门研究和论证，严重不规则的建筑不应采用。

14.4.11 防雷设计

中小学校建筑防雷应符合《建筑物防雷设计规范》GB 50057 的相关规定。

1. 学校的建（构）筑物可提高一个防雷类别，按第二类防雷建筑物。

2. 学校的建（构）筑物应采取防直击雷、防雷电波侵入措施。

14.4.12 防爆设计

在抗震设防烈度≥6度的地区，学校实验室不宜采用管道燃气作为实验用的热源。如确需采用管道燃气时，设计中应采取相应的保护性技术设施规避隐患。

（《中小规》第8.1.9条及条文说明）

15 高等院校建筑安全设计

15.1 大学校园场地规划

大学校园场地规划	内容
选址安全规划	大学校园宜选址在地质条件良好，排水畅通，场地干燥且地势较高的场地
校园建筑群体安全规划	校园建筑群体规划应合理分区，建筑间距应满足防火间距要求，并充分满足防灾防污、防险防爆、防病毒源等安全设计要求
校园消防安全规划	校园内部应设置完善的消防车道系统，并至少设置两个消防车出入口；短边长度大于 24m 的内院，应保证消防车道进入
校园交通安全规划	通过整体规划校园道路网络，合理设置集中停车设施，减少机动车流对教学、行政、生活区等主要功能区不必要的穿越。校园内部道路设计应通过道路线型设计、断面设计、路障设计等手段，有效控制校园内部机动车车速。 校园内部宜设置相对独立和便捷的步行系统，减少人车冲突，在人车交叉的交通节点应通过铺装、标识设计及有效的交通管理，提升行人安全
校园环境安全规划	通过完善的校园空间设计和设施布局，提升校园环境的整体安全性，如完善校园内部标识系统和夜间照明设施规划等

15.2　一般教学用房（如图书馆、学生活动中心、学生健身活动中心等）

15.2.1　高等学校建筑物涉及建筑功能种类较多，其安全设计参照相应功能类型建筑设计规范。如实验室等教学用房须按该专业特定要求（如行业标准、规范）进行设计。

15.2.2　高等学校建筑安全设计主要涉及建筑防火、安全疏散、无障碍设计、幕墙设计以及相关国家及地方规范和规定等，主要涉及以下方面。

位置	相关内容	技术要求	法规依据
建筑物出入口（包括室外、室内连接处）	建筑物防火间距	多层≥6m，高层≥13m	《建筑设计防火规范》GB 50016—2014 《民用建筑设计通则》 《无障碍设计规范》GB 50763
	室内外高差	H≥300mm	
	踏步高/深	H≤160mm D≥300mm	
	无障碍坡道坡度	坡度1∶8～1∶20	
	疏散口宽度	≥1400mm；疏散门外1.4m范围内不要设踏步	

续表

位置	相关内容	技术要求	法规依据
建筑物出入口（包括室外、室内连接处）	防坠落物： 上方为玻璃幕墙防坠落	设进深≥1000mm顶棚	《建筑幕墙设计规范》
	地面防滑	地面采用防滑材料	《建筑地面工程防滑技术规程》JGJ/T 331
建筑物内部	防火分区	详见《建筑设计防火规范》GB 50016—2014	《建筑设计防火规范》GB 50016—2014 《民用建筑设计通则》
	疏散距离		
	疏散宽度	宽度 $W \geqslant$ 1200mm；疏散宽度按1m/100人计算	
	栏杆高度及透空间距	H（踩踏面以上）$\geqslant$900mm，D（净）$\leqslant$110mm	
	落地窗护栏高度及透空间距		
	楼梯踏步高/深	$H \leqslant 160$mm $D \geqslant 280$mm	
	卫生间地面防滑；游泳池区域及淋浴间、更衣间地面防滑	地面采用防滑材料（包括泳池周边过道）	《图书馆建筑设计规范》
	书库内工作人员专用楼梯	梯段净宽≥800mm，坡度≤45°采用防滑材料	

续表

位置	相关内容	技术要求	法规依据
屋顶（上人）	女儿墙（护栏）净高度	$H \geqslant 1200$mm	《民用建筑设计通则》《建筑地面工程防滑技术规程》JGJ/T 331
	地面防滑	地面采用防滑材料	

15.3 学生宿舍

15.3.1 高等学校学生宿舍建筑安全设计按“宿舍建筑”标准执行。

15.3.2 高等学校学生宿舍安全设计主要涉及建筑防火、安全疏散、无障碍设计、幕墙设计以及相关国家及地方规范和规定等，主要涉及以下方面。

位置	相关内容	技术要求	法规依据
建筑物出入口（包括室外、室内连接处）	建筑物防火间距	多层≥6m 高层≥13m	《建筑设计防火规范》GB 50016—2014《民用建筑设计通则》《无障碍设计规范》GB 50763《宿舍建筑设计规范》JGJ 36—2016
	室内外高差	$H \geqslant 300$mm	
	踏步高/深	$H \leqslant 160$mm $D \geqslant 300$mm	
	无障碍坡道坡度	坡度1：8～1：20	
	疏散口宽度	$W \geqslant 1400$mm；不应设置门槛；出口处1.40m范围内不应设置踏步	

续表

位置	相关内容	技术要求	法规依据
建筑物出入口（包括室外、室内连接处）	防坠落物：上方为玻璃幕墙防坠冰	设进深≥1000mm顶棚	《建筑幕墙设计规范》
	地面防滑	地面采用防滑材料	《建筑地面工程防滑技术规程》JGJ/T 331
建筑物内部	防火分区	详见《建筑设计防火规范》GB 50016—2014	《宿舍建筑设计规范》JGJ 36—2016《建筑内部装修设计防火规范》GB 50222《建筑设计防火规范》GB 50016—2014 《民用建筑设计通则》 《建筑幕墙设计规范》
	疏散距离		
	疏散楼梯宽度	W≥1200mm	
	栏杆高度及透空间距	D（净）≤110mm H（踩踏面以上）≥900mm	
	落地窗护栏高度及透空间距		
	楼梯踏步高/深	H≤165mm D≥270mm	

续表

<table>
<tr><th>位置</th><th>相关内容</th><th>技术要求</th><th>法规依据</th></tr>
<tr><td>建筑物内部</td><td colspan="3">柴油发电机房、变电室和锅炉房等不应与宿舍居室、疏散楼梯间及出入口门厅相邻（上下层及同层关系）；
宿舍建筑内不应设置使用明火、易产生油烟的餐饮店，学校宿舍建筑内不应布置与宿舍功能无关的商业店铺；
除与敞开式外廊直接相连的楼梯间外，应采用封闭楼梯间，建筑高度>32m 时，采用防烟楼梯间；
建筑物≥6 层或居室最高入口楼面距室外设计地面高度>15m 时，宜设电梯；高度>18m 时，应设置电梯，并宜有一部电梯供担架平入。
通廊式宿舍走道净宽：单面居室布置≥1.60m，双面居室布置≥2.20m，单元式宿舍公共走道净宽≥1.40m；
宿舍与其他非宿舍功能部分合建时，安全出口与疏散楼梯宜各自独立设置，并应有耐火极限≥2.0h 墙或楼板进行防火分隔；
每栋宿舍在主要入口层至少设置 1 间无障碍居室，并宜附设无障碍卫生间；
建筑内应设消防安全疏散示意图及明显的安全疏散标识，且走道设疏散照明和灯光疏散指示标志。</td></tr>
<tr><td rowspan="2">屋顶（上人）</td><td>女儿墙（护栏）净高度</td><td>$H \geq 1200mm$</td><td>《民用建筑设计通则》</td></tr>
<tr><td>地面防滑</td><td>地面采用防滑材料</td><td>《建筑地面工程防滑技术规程》JGJ/T 331</td></tr>
</table>

16　住宅建筑安全设计

16.1　总平面

16.1.1　选址

<table>
<tr><th>类别</th><th>技术要求</th><th>规范依据</th></tr>
<tr><td>在Ⅰ、Ⅱ、Ⅵ、Ⅶ建筑气候区</td><td>主要应利于住宅冬季的日照、防寒、保温与防风沙的侵袭</td><td rowspan="5">《城市居住区规划设计规范》GB 50180—93（2016年版）第5.0.3条</td></tr>
<tr><td>在Ⅲ、Ⅳ建筑气候区</td><td>主要应考虑住宅夏季防热和组织自然通风、导风入室的要求</td></tr>
<tr><td>面街布置的住宅</td><td>其出入口应避免直接开向城市道路和居住区级道路</td></tr>
<tr><td>在丘陵和山区</td><td>除考虑住宅布置与主导风向的关系外，尚应重视地形变化而产生的地方风对住宅建筑防寒、保温或自然通风的影响</td></tr>
<tr><td colspan="2">应有利于避免有害气体和工程地质灾害等对住宅的影响</td></tr>
</table>

16.1.2 道路

道路	技术要求	规范依据
尽端式道路＞120m时	应在尽端设≥12m×12m的回车场地	《城市居住区规划设计规范》GB 50180—93(2016年版)第8.0.1、8.0.4、8.0.5条 《住宅建筑规范》GB 50368—2005第4.3.2条
居住区内用地坡度＞8%	应辅以梯步解决竖向交通，并宜在梯步旁附设推行自行车的坡道	
与城市道路相接时	其交角不宜＜75°	
地震烈度不低于六度的地区	坡度较大时，应设缓冲段	
	考虑防灾救灾要求	
多雪严寒的山坡地区	主要道路路面采用柔性路面	
山区和丘陵地区	居住区内道路路面应考虑防滑措施	
	车行与人行宜分开设置自成系统	
	路网格式应因地制宜	
	主要道路宜平缓，路面可酌情缩窄，但应安排必要的排水边沟和会车位	

16.1.3 用地工程防护措施

<table>
<tr><th>条件</th><th>部位</th><th>技术要求</th><th>规范依据</th></tr>
<tr><td>台地高差>1.5m</td><td>挡土墙/护坡顶（坡比值>0.5）</td><td>加设安全防护设施</td><td rowspan="4">《住宅建筑规范》GB 50368—2005第4.5.2条</td></tr>
<tr><td rowspan="2">台地高差>2.0m</td><td>挡土墙/护坡上缘</td><td>与住宅间的水平距离≥3m</td></tr>
<tr><td>挡土墙/护坡下缘</td><td>与住宅间的水平距离≥2m</td></tr>
<tr><td colspan="3">土质护坡坡比值≤0.5</td></tr>
</table>

16.1.4 水景安全

<table>
<tr><th>防护位置</th><th>技术要求</th><th>规范依据</th></tr>
<tr><td>无护栏的水岸及园桥、汀步附近2m范围</td><td>水深不超过0.5m</td><td rowspan="2">《住宅建筑规范》GB 50368—2005第4.4.3条</td></tr>
<tr><td>人工景观水体</td><td>禁止使用自来水</td></tr>
</table>

16.2 住宅

16.2.1 无障碍设计

<table>
<tr><th colspan="2">无障碍设计的部位</th><th>技术要求</th><th>规范依据</th></tr>
<tr><td colspan="2">居住区道路、公共绿地和公共服务设施</td><td>与城市道路无障碍设施相连接</td><td rowspan="10">《住宅建筑规范》GB 50368—2005 第 5.3.1、5.3.2 条
《住宅设计规范》GB 50096—2011 第 6.6.1、6.6.2、6.6.3、6.6.4 条
《无障碍设计》GB 50763—2012</td></tr>
<tr><td rowspan="7">七层及七层以上的住宅</td><td rowspan="3">建筑入口</td><td>设台阶时应设轮椅坡道和扶手</td></tr>
<tr><td>不应采用力度大的弹簧门，在旋转门一侧应另设残疾人使用的门</td></tr>
<tr><td>门槛高度及门内外地面高差不应＞15mm，并应以斜坡过渡</td></tr>
<tr><td>入口平台</td><td>宽度≥2.00m</td></tr>
<tr><td>候梯厅</td><td>净宽≥1.80m</td></tr>
<tr><td>公共走道</td><td>净宽≥1.20m</td></tr>
<tr><td>无障碍住房</td><td>每 100 套至少设 2 套</td></tr>
<tr><td>七层以下住宅</td><td>入口平台</td><td>宽度≥1.50m</td></tr>
</table>

16.2.2 住宅公共出入口

<table>
<tr><th>防护位置</th><th>技术要求</th><th>规范依据</th></tr>
<tr><td>台阶高度＞0.7m并侧面临空时</td><td>应设防护设施，防护设施净高≥1.05m</td><td rowspan="4">《住宅设计规范》GB 50096—2011 第 6.1.2、6.1.4、6.5.2、6.7.1条
《住宅建筑规范》GB 50368—2005 第5.2.4条</td></tr>
<tr><td>位于阳台、外廊及开敞楼梯平台的下部时</td><td>应采取防止物体坠落伤人的安全措施</td></tr>
<tr><td>台阶宽度＞1.8m时</td><td>两侧宜设栏杆扶手，高度应为0.9m</td></tr>
<tr><td colspan="2">主要出入口处应每套配套设置信报箱。</td></tr>
</table>

16.2.3 临空处/楼梯井安全设计及防坠落

<table>
<tr><th>防护位置</th><th>技术要求</th><th>规范依据</th></tr>
<tr><td rowspan="5">阳台</td><td>设置栏杆</td><td rowspan="8">《住宅设计规范》GB 50096—2011 第 5.6.2、5.6.3、5.6.4、6.1.3条
《住宅建筑规范》GB 50368—2005 第5.2.3条</td></tr>
<tr><td>封闭阳台栏板或栏杆也应满足阳台栏板或栏杆净高要求</td></tr>
<tr><td>七层及七层以上住宅和寒冷、严寒地区住宅宜采用实体栏板</td></tr>
<tr><td>放置花盆处应采取防坠落措施</td></tr>
<tr><td>宜采取防止攀登入室的措施</td></tr>
<tr><td rowspan="2">外廊、内天井及上人屋面等临空处</td><td>设置栏杆</td></tr>
<tr><td>放置花盆处应采取防坠落措施</td></tr>
<tr><td>楼梯井</td><td>净宽＞0.11m时，必须采取防止儿童攀滑的措施</td></tr>
</table>

栏杆设置要求

<table>
<tr><th>部位及设施</th><th colspan="3">技术要求</th><th>规范依据</th></tr>
<tr><td rowspan="7">栏杆</td><td colspan="3">应以坚固、耐久的材料制作，并能承受荷载规范规定的水平荷载</td><td rowspan="7">《住宅设计规范》GB 50096—2011、《住宅建筑规范》GB 50368—2005、《民用建筑设计通则》GB 50352—2005</td></tr>
<tr><td rowspan="2">栏杆高度</td><td>六层及六层以下/临空高度在24m以下</td><td>≥1.05m</td></tr>
<tr><td>七层及七层以上/临空高度在24m及24m以上</td><td>≥1.10m</td></tr>
<tr><td colspan="3">栏杆底部有宽度≥0.22m，且高度≤0.45m的可踏部位，应从可踏部位顶面起计算</td></tr>
<tr><td colspan="3">离楼面或屋面0.10m高度内不应留空</td></tr>
<tr><td colspan="3">必须采用防止儿童攀登的构造</td></tr>
<tr><td colspan="3">垂直杆件间净距≤0.11m</td></tr>
</table>

栏杆及扶手安全高度

栏杆（扶手）	适用场所	高度（m）	规范依据
栏杆/栏板/楼梯栏杆（水平段≥500mm）/室外楼梯栏杆（扶手）	六层及六层以下住宅/临空高度在24m以下	≥1.05m	《住宅设计规范》GB 50096—2011、《住宅建筑规范》GB 50368—2005、《民用建筑设计通则》GB 50352—2005
	七层及七层以上住宅/临空高度在24m及24m以上	≥1.10m	
楼梯扶手		≥0.9m	
供残疾人使用的扶手	坡道、楼梯、走廊等的下层扶手	0.65m	
	坡道、楼梯、走廊等的上层扶手	0.9m	

防坠落设施

住宅应具有防止外窗玻璃、外墙装饰等坠落伤人的措施。

16.2.4 门窗及玻璃幕墙

<table>
<tr><th>防护位置</th><th colspan="2">技术要求</th><th>规范依据</th></tr>
<tr><td rowspan="2">门</td><td colspan="2">户门应采用具防盗、隔声功能的防护门</td><td rowspan="7">《住宅设计规范》GB 50096—2011 第 5.8.1、5.8.3、5.8.4、5.8.5 条
《住宅建筑规范》GB 50368—2005 第 5.1.5 条</td></tr>
<tr><td colspan="2">向外开启的户门不应妨碍公共交通及相邻户门开启</td></tr>
<tr><td rowspan="3">窗</td><td>户内</td><td rowspan="2">窗外没有阳台且外窗台距楼面、地面的净高<0.90m 时，应有防护设施</td></tr>
<tr><td>楼梯间、电梯厅等共用部分</td></tr>
<tr><td colspan="2">面临走廊、共用上人屋面或凹口的窗应避免视线干扰，向走廊开启的窗扇不应妨碍交通。</td></tr>
<tr><td colspan="3">底层外窗、阳台门紧邻公共区且下沿低于 2m 的门窗，应采取防卫措施</td></tr>
<tr><td>幕墙</td><td colspan="2">不得在二层及以上采用玻璃幕墙</td></tr>
</table>

16.2.5 卫生间、阳台防水

房间名称	技术要求	规范依据
卫生间	不应直接布置在餐厅、食品加工、食品贮存、医药、医疗、变配电等有严格卫生要求或防水、防潮要求用房的上层	《住宅设计规范》GB 50096—2011 第 5.4.4、5.4.5 条 《民用建筑设计通则》GB 50352—2005 《住宅建筑规范》GB 50368—2005 第 5.1.3、5.1.7 条
	不应直接布置在下层住户的卧室、起居室（厅）、厨房和餐厅的上层	
	当卫生间布置在本套内的卧室、起居室（厅）、厨房和餐厅的上层时，均应有防水和便于检修的措施	
	室内上下水管和浴室顶棚应防冷凝水下滴，浴室热水管应防止烫人	
	地面和局部墙面应有防水构造	
阳台	地面构造应有排水措施	

16.2.6 地下室与附属用房安全设计

防护位置	技术要求	规范依据
卧室、起居室（厅）、厨房	不应布置在地下室；当布置在半地下室时，必须对采光、通风、日照、防潮、排水及安全防护采取措施	《住宅设计规范》GB 50096—2011 第 6.9.1、6.9.2、6.9.5、6.9.6、6.9.7、6.10.1、6.10.2、6.10.3、6.10.4 条 《住宅建筑规范》GB 50368—2005 第 5.4.1、5.4.2、5.4.4、9.1.3 条
除卧室、起居室（厅）、厨房以外的其他功能房	可以布置在地下室，但应采取采光、通风、防潮、排水及安全防护措施	
地上住宅楼、电梯间	严禁利用楼、电梯间为地下车库进行自然通风，并宜采取安全防盗措施	
地下室、半地下室	应采取防水、防潮及通风措施，采光井应采取排水措施	
地下机动车库	库内坡道严禁将宽的单车道兼做双向车道	
	库内不应设置修理车位，并不应设有使用或存放易燃、易爆物品的房间	

续表

防护位置	防护措施	规范依据
附建公共用房	住宅建筑内严禁布置存放和使用甲、乙类火灾危险性物品的商店、车间和仓库，以及产生噪声、振动和污染环境卫生的商店、车间和娱乐设施	《住宅设计规范》GB 50096—2011 第 6.9.1、6.9.2、6.9.5、6.9.6、6.9.7、6.10.1、6.10.2、6.10.3、6.10.4 条 《住宅建筑规范》GB 50368—2005 第 5.4.1、5.4.2、5.4.4、9.1.3 条
	住宅建筑内不应布置易产生油烟的餐饮店。当住宅底层商业网点布置有产生刺激性气味或噪声的配套用房，应做排气、消声处理	
	住宅主体建筑内不宜设置水泵房、冷热源机房、变配电机房等公共机电用房，并不宜贴邻布置。在无法满足上述要求贴临设置时，应增加隔声减震处理	
	与住户的公共出入口分开设置	

16.2.7 住宅设备公共安全设计

类别	技术要求	规范依据
不应设置在户内的设施	公共管道，布置在开敞式阳台的雨水立管除外	《住宅设计规范》GB 50096—2011第6.8.1、6.8.2、6.8.4、6.8.5、8.1.7、8.2.6、8.2.7、8.2.8、8.4.2、8.4.3、8.4.4、8.5.3、8.7.3、8.7.4、8.7.5、8.7.8、8.7.9条 《住宅建筑规范》GB 50368—2005第8.2.7、8.3.6、8.3.7、8.4.4、8.5.5、9.4.3条
	公共的管道阀门、电气设备和用于总体调节和检修的部件，户内排水立管修口除外	
	采暖管沟和电缆沟的检查孔	
排水管	厨、卫排水立管应分开设置	
	不得穿越卧室；贴邻时，应采用低噪声管材	
	污、废水横管宜设在本层	
	污、废水横管设在下一层时，清扫口应设于本层，并应进行夏季管道外壁结露验算，采取相应的防止结露的措施	
	污、废水立管应每层设检查口	

续表

<table>
<tr><th>类别</th><th colspan="2">技术要求</th><th>规范依据</th></tr>
<tr><td rowspan="8">燃气管道及设备</td><td rowspan="2">燃气管道/立管</td><td>应设置在有自然通风的厨房或与厨房相连的阳台内，且宜明装设置，不得设在通风排气竖井内</td><td rowspan="8">《住宅设计规范》GB 50096—2011 第 6.8.1、6.8.2、6.8.4、6.8.5、8.1.7、8.2.6、8.2.7、8.2.8、8.4.2、8.4.3、8.4.4、8.5.3、8.7.3、8.7.4、8.7.5、8.7.8、8.7.9 条
《住宅建筑规范》GB 50368—2005 第 8.2.7、8.3.6、8.3.7、8.4.4、8.4.6、8.4.7、8.4.8、8.5.5、9.4.3 条</td></tr>
<tr><td>严禁设置在卧室内、暖气沟、排烟道、垃圾道和电梯井内</td></tr>
<tr><td rowspan="6">燃气设备</td><td>人工煤气、天然气用气设备设置在地下、半地下室内时，必须采取安全措施
严禁在浴室内安装直接排气式、半密闭式燃气热水器等在使用空间内积聚有害气体的加热设备</td></tr>
<tr><td>户内燃气灶应安装在通风良好的厨房、阳台内</td></tr>
<tr><td>应安装在通风良好的厨房、阳台内或其他非居住房间</td></tr>
<tr><td>安装燃气设备的房间应预留安装位置和排气孔洞位置</td></tr>
<tr><td>户内燃气热水器、分户设置的采暖或制冷燃气设备的排气管不得与燃气灶排油烟机的排气管合并接入同一管道</td></tr>
<tr><td>应满足与电气设备和相邻管道的净距要求</td></tr>
</table>

续表

<table>
<tr><th>类别</th><th colspan="2">技术要求</th><th>规范依据</th></tr>
<tr><td>配电箱</td><td colspan="2">每套住宅应设置户配电箱</td><td rowspan="8">《住宅设计规范》GB 50096—2011第6.8.1、6.8.2、6.8.4、6.8.5、8.1.7、8.2.6、8.2.7、8.2.8、8.4.2、8.4.3、8.4.4、8.5.3、8.7.3、8.7.4、8.7.5、8.7.8、8.7.9条
《住宅建筑规范》GB 50368—2005第8.2.7、8.3.6、8.3.7、8.4.4、8.4.6、8.4.7、8.4.8、8.5.5、9.4.3条</td></tr>
<tr><td>插座</td><td colspan="2">安装在1.80m及以下的插座均应采用安全型插座</td></tr>
<tr><td>共用部位人工照明</td><td colspan="2">应采用高效节能的照明装置和节能控制措施。当应急照明采用节能自熄开关时，必须采取消防时应急点亮的措施</td></tr>
<tr><td>安全防范系统</td><td colspan="2">宜设置</td></tr>
<tr><td>门禁</td><td colspan="2">发生火警时，疏散通道上和出入口处的门禁应能集中解锁或能从内部手动解锁</td></tr>
<tr><td rowspan="3">管井</td><td rowspan="3">电梯井</td><td>应独立设置</td></tr>
<tr><td>井内严禁敷设燃气管道，并不应敷设与电梯无关的电缆、电线等</td></tr>
<tr><td>井壁除开设电梯门洞和通气孔洞外，不应开设其他洞口</td></tr>
</table>

续表

<table>
<tr><th>类别</th><th colspan="2">技术要求</th><th>规范依据</th></tr>
<tr><td rowspan="5">管井</td><td rowspan="5">竖向各类管道井</td><td>应分别独立设置</td><td rowspan="15">《住宅设计规范》GB 50096—2011第6.8.1、6.8.2、6.8.4、6.8.5、8.1.7、8.2.6、8.2.7、8.2.8、8.4.2、8.4.3、8.4.4、8.5.3、8.7.3、8.7.4、8.7.5、8.7.8、8.7.9条
《住宅建筑规范》GB 50368—2005第8.2.7、8.3.6、8.3.7、8.4.4、8.5.5、9.4.3条</td></tr>
<tr><td>其井壁应为耐火极限不低于1.00h的不燃性构件</td></tr>
<tr><td>井壁上的检查门应采用丙级防火门</td></tr>
<tr><td>在每层楼板处采用不低于楼板耐火极限的不燃性材料或防火封堵材料封堵</td></tr>
<tr><td>与房间或走道相连通的孔洞，其缝隙应采用防火封堵材料封堵</td></tr>
<tr><td rowspan="7">共用排气道</td><td>厨房</td><td>宜设，接口直径应>150mm，进气口应朝向灶具方向</td></tr>
<tr><td>卫生间</td><td>无外窗时设，接口直径应>80mm</td></tr>
<tr><td rowspan="3">出口</td><td>风帽高于屋面砌体</td></tr>
<tr><td>高于屋面或露台地面2m</td></tr>
<tr><td>4m范围内有门窗，高出门窗上皮0.6m</td></tr>
<tr><td colspan="2">采用各层防止回流的定型产品</td></tr>
<tr><td colspan="2">厨、卫排气道应分开设置</td></tr>
<tr><td colspan="3">住宅内各类用气设备的烟气必须排至室外；排气口应采取防风措施</td></tr>
<tr><td colspan="3">当多台设备合用竖向排气道排放烟气时，应保证互不影响</td></tr>
</table>

17　酒店建筑安全设计

17.1　总平面安全设计

总平面安全设计　　　　表 17.1

类别	分项	技术要求
项目选址	间距	建筑物与高压走廊的安全距离详见本书2.4章节
		与其他地块防火与防爆间距详见建筑防火设计相关章节
	污染源	远离污染源，避免在有害气体和烟尘影响的区域内
	地质条件	应避开自然灾害易发地段，不能避开的必须采取特殊防护措施
	自然条件	选择日照、采光、通风条件良好的地段
基地防灾	基地安全	山地建筑应视山坡态势、坡度、土质、稳定性等因素，采取护坡、挡土墙等防护措施，同时按当地洪水量确定截洪排洪措施
		结构挡土墙设计高度＞5m 时，应进行专项设计
		应根据其所在位置考虑防灾措施，防震、防洪、防海潮、防风、防崩塌、防泥石流、防滑坡等防灾标准

续表

类别	分项	技术要求
基地防灾	防洪、防潮	设计标高应不低于城市设计防洪、防涝标高。场地设计标高应高于设计洪水位标高0.5～1.0m
		场地设计标高应高于周边道路设计标高，且应比周边道路的最低路段高程高出0.2m以上
		场地设计标高与建筑物首层地面标高之间的高差应>0.15m
	地下水	保护和合理利用，增加渗水地面面积，促进地下水补、径、排达到平衡

17.2　酒店场地

酒店场地与景观安全设计　　表17.2

类别	位置及特点	技术要求
场地安全	高差不足设置2级台阶	应按坡道设置
	所有路面和硬铺地面设计	应采用粗糙防滑材料，或作防滑处理
	安全疏散与经常出入的通道有高差时	宜设防滑坡道，坡度≤1：12
	室内外高差≤0.4m	应设置缓坡
	活动场地坡度	≤3％

17.3 酒店建筑防火设计

酒店建筑防火设计要点 **表 17.3**

<table>
<tr><th>类别</th><th>分项</th><th colspan="3">技术要求</th></tr>
<tr><td rowspan="2">总平面布局</td><td>位置</td><td colspan="3">应合理确定建筑的坐落位置及消防水源</td></tr>
<tr><td>防火间距</td><td colspan="3">应符合《建筑设计防火规范》GB 50016 的要求</td></tr>
<tr><td rowspan="8">防火分区</td><td rowspan="8">中庭</td><td colspan="3">其防火分区的建筑面积应按上、下层相连通的建筑面积叠加计算</td></tr>
<tr><td rowspan="7">叠加建筑面积大于规范要求</td><td rowspan="4">与周围连通空间应进行防火分隔</td><td>采用耐火极限不应低于 1.00h 防火隔墙</td></tr>
<tr><td>采用耐火隔热性和耐火完整性≥1.00h 的防火玻璃墙</td></tr>
<tr><td>采用耐火完整性≥1.00h 的非隔热性防火玻璃墙时，应设置自动喷水灭火系统进行保护</td></tr>
<tr><td>采用防火卷帘时，其耐火极限应≥3.00h</td></tr>
<tr><td colspan="2">高层建筑内的中庭回廊应设置自动喷水灭火系统和火灾自动报警系统</td></tr>
<tr><td colspan="2">中庭应设置排烟设施</td></tr>
<tr><td colspan="2">中庭内不应布置可燃物</td></tr>
</table>

续表

类别	分项	技术要求	
平面布置	会议厅、多功能厅、宴会厅等	人员密集的场所宜布置在首层、二层或三层	
		三级耐火等级的建筑内时位置不应≥三层	
		一、二级耐火等级建筑的其他楼层	一个厅、室的疏散门不应少于 2 个，且建筑面积不宜>400m²
			设置在地下或半地下时，宜设置在地下一层，不应设置在地下三层及以下楼层
			在高层建筑内时应设置火灾自动报警系统和自动喷水灭火系统等自动灭火系统
	歌舞、录像、夜总会、卡拉 OK、游艺、桑拿浴室、网吧等娱乐厅室	不应布置在地下二层及以下楼层	
		宜布置在一、二级耐火等级建筑内的首层、二层或三层的靠外墙部位	
		不宜布置在袋形走道的两侧或尽端	
		确需布置在地下一层时，地下一层的地面与室外出入口地坪的高差不应>10m	
		确需布置在地下或四层及以上楼层时，一个厅、室的建筑面积不应>200m²	
		厅、室之间及与建筑的其他部位之间应采用耐火极限≥2.00h 的防火隔墙和≥1.00h 的不燃性楼板分隔，设置在厅、室墙上的门和该场所与建筑内其他部位相通的门均应采用乙级防火门	

续表

类别	分项			技术要求
平面布置	设备用房	燃油或燃气锅炉、油浸变压器、充有可燃油的高压电容器和多油开关		宜设置在建筑外的专用房间内
				贴邻民用建筑布置时，应采用防火墙与所贴邻的建筑分隔，且不应贴邻人员密集场所，该专用房间的耐火等级不应低于二级
			布置在民用建筑内	不应布置在人员密集场所的上一层、下一层或贴邻
				应设置在首层或地下一层的靠外墙部位
				常（负）压燃油或燃气锅炉可设置在地下二层或屋顶上。设置在屋顶上的常（负）压燃气锅炉，距离通向屋面的安全出口不应＜6m
				疏散门均应直通室外或安全出口
				与其他部位之间应采用耐火极限≥2.00h的防火隔墙和≥1.50h的不燃性楼板分隔。在隔墙和楼板上不应开设洞口，确需在隔墙上设置门、窗时，应采用甲级防火门、窗
				锅炉房内设置储油间时，其总储存量应≤$1m^3$，且储油间应采用耐火极限≥3.00h的防火隔墙与锅炉间分隔；确需在防火隔墙上设置门时，应采用甲级防火门

续表

类别	分项	技术要求		
平面布置	设备用房	燃油或燃气锅炉、油浸变压器、充有可燃油的高压电容器和多油开关	布置在民用建筑内	变压器室之间、变压器室与配电室之间，应设置耐火极限≥2.00h的防火隔墙
				应设置火灾报警装置
				燃气锅炉房应设置爆炸泄压设施。燃油或燃气锅炉房应设置独立的通风系统
		柴油发电机房	宜布置在首层或地下一、二层	
			不应布置在人员密集场所的上一层、下一层或贴邻	
			应采用耐火极限≥2.00h的防火隔墙和≥1.50h的不燃性楼板与其他部位分隔，门应采用甲级防火门	
			内设置储油间时，其总储存量应≤$1m^2$，储油间应采用耐火极限≥3.00h的防火隔墙与发电机间分隔；确需在防火隔墙上开门时，应设置甲级防火门	
			应设置火灾报警装置	
			应设置与柴油发电机容量和建筑规模相适应的灭火设施，当建筑内其他部位设置自动喷水灭火系统时，机房内应设置自动喷水灭火系统	

续表

类别	分项	技术要求		
安全疏散	除与敞开式外廊直接相连的楼梯间外，均应采用封闭楼梯间			
	客、货电梯宜设置电梯候梯厅，不宜直接设置在营业厅、展览厅、多功能厅等场所内			
	房间可设置1个疏散门的条件	建筑面积≤120m²		
		于走道尽端的房间，建筑面积＜50m²且疏散门的净宽度≥0.90m，或由房间内任一点至疏散门的直线距离≤15m、建筑面积≤200m²且疏散门的净宽度≥1.40m		
		歌舞娱乐放映游艺场所内建筑面积≤50m²且经常停留人数≤15人的厅、室		
	疏散距离	位于两个安全出口之间的疏散门	单、多层	一、二级：30m；三级：35m；四级：25m
			高层	一、二级：22m
		位于袋形走道两侧或尽端的疏散门	单、多层	一、二级30m；三级：20m；四级：15m
			高层	一、二级：15m
		建筑内开向敞开式外廊的房间疏散门至最近安全出口的直线距离可按本表的规定增加5m		

续表

<table>
<tr><th>类别</th><th>分项</th><th colspan="2">技术要求</th></tr>
<tr><td rowspan="6">安全疏散</td><td rowspan="6">疏散距离</td><td colspan="2">直通疏散走道的房间疏散门至最近敞开楼梯间的直线距离，当房间位于两个楼梯间之间时，应按本表的规定减少 5m</td></tr>
<tr><td colspan="2">当房间位于袋形走道两侧或尽端时，应按本表的规定减少 2m</td></tr>
<tr><td colspan="2">建筑物内全部设置自动喷水灭火系统时，其安全疏散距离可按本表的规定增加 25%</td></tr>
<tr><td rowspan="3">一、二级耐火等级建筑内疏散门或安全出口不少于 2 个的观众厅、展览厅、多功能厅、餐厅、营业厅</td><td>室内任一点至最近疏散门或安全出口的直线距离 ≤30m</td></tr>
<tr><td>当疏散门不能直通室外地面或疏散楼梯间时，应采用长度≤10m 的疏散走道通至最近的安全出口</td></tr>
<tr><td>当该场所设置自动喷水灭火系统时，室内任一点至最近安全出口的安全疏散距离可分别增加 25%</td></tr>
</table>

续表

类别	分项	技术要求		
安全疏散	疏散净宽度	疏散门和安全出口		≥0.90m
		疏散走道和疏散楼梯		≥1.10m
		高层	楼梯间的首层疏散门、首层疏散外门	≥1.20m
			疏散走道	单面布房：≥1.30m；双面布房：≥1.40m
			疏散楼梯	≥1.20m
		人员密集的公共场所、观众厅的疏散门不应设置门槛，其净宽度应≥1.40m，且紧靠门口内外各1.40m范围内不应设置踏步		
		人员密集的公共场所的室外疏散通道的净宽度应≥3.00m，并应直接通向宽敞地带		
建筑构造	厨房	采用耐火极限≥2.00h的防火隔墙与其他部位分隔，墙上的门、窗应采用乙级防火门、窗，确有困难时，可采用防火卷帘		
		高层旅馆建筑的厨房内宜设置厨房专用灭火装置		
		当设有厨房垃圾道时，井道内应设置自动喷水灭火装置		

续表

类别	分项	技术要求
建筑构造	设备间	附设在建筑内的消防控制室、灭火设备室、消防水泵房和通风空气调节机房、变配电室等，应采用耐火极限≥2.00h的防火隔墙和≥1.50h的楼板与其他部位分隔
		通风、空气调节机房和变配电室开向建筑内的门应采用甲级防火门，消防控制室和其他设备房开向建筑内的门应采用乙级防火门
	电梯层门	耐火极限应≥1.00h
	污衣井	应设置在独立的服务间内，服务间应采用耐火极限≥2.00h的隔墙和楼板与其他部位分隔，房间门应采用甲级防火门
		客房层宜设污衣井道，污衣井道或污衣井道前室的出入口应设乙级防火门
		顶部应设置自动喷水灭火系统的洒水喷头和火灾探测器
		应每隔一层设置一个自动喷水灭火系统的洒水喷头
		投入门和检修门应采用甲级防火门，并应在火灾发生时自行关闭
		底部的出口应设置带易熔链杆构件的常开甲级防火门

注：本表主要根据《建筑设计防火规范》GB 50016—2014 编制。

17.4　酒店建筑设计的安全技术措施

酒店建筑设计的安全技术措施　　**表 17.4**

类别	分项	技术要求
主要出入口	流线组织	应有明显的导向标识，应能引导客人直接到达门厅，宜人车分流
	防护	出入口上方宜设雨篷，多雨雪地区的出入口上方应设雨篷，地面应防滑
平面布局	卫生间、盥洗室、浴室	不应设在餐厅、厨房、食品贮藏等有严格卫生要求用房的直接上层
		不应设在变配电室等有严格防潮要求用房的直接上层
	公寓式酒店	客房中的卧室及采用燃气的厨房或操作间应直接采光、自然通风
无障碍设计	地面基本要求	地面应平整、防滑
	门的类型	不宜采用弹簧门，采用玻璃门时应有醒目提示标志
	无障碍客房	应设置在距离室外安全出口最近的客房楼层，并应设在该楼层进出便捷的位置
		房间内应有空间（包括卫生间等）能保证轮椅使用，回转直径≥1.50m
		客房及卫生间应设置高度为400～500mm的救助呼叫按钮

续表

类别	分项	技术要求	
构造设计	设计原则	安全牢靠，易于维护	
	防坠落设施	公共出入口位于阳台、外廊及开敞楼梯平台的下部时应设置	
		楼层≥20层、高度≥60m、临街或下部有行人通行的建筑外墙应保证其安全性，使用粘贴型外墙面砖和陶瓷锦砖等外墙瓷质贴面材料时，应设置，或地面留出足够的安全空间	
		玻璃幕墙下出入口处应设雨篷或安全遮棚，靠近的首层地面处宜设置绿化带防行人靠近	
	防滑构造	疏散通道、公共场所、卫生间、浴室需采用防滑材料或构造设计，以及日常维护	
	中庭栏杆	栏杆或栏板高度应≥1.20m	
		应以坚固、耐久的材料制作，应能承受《建筑结构荷载规范》GB 50009规定的水平荷载	
	防潮与防水	厨房、卫生间、盥洗室、浴室、游泳池、水疗室等	与相邻房间的隔墙、顶棚应采取防潮或防水措施
			与其下层房间的楼板应采取防水措施
	游泳池	成人非比赛游泳池的水深宜≤1.50m	
		儿童游泳池水深≤0.5～1.0m	
		池底和池岸应防滑，池壁应平整光滑，池岸应作圆角处理，并应符合游泳池的技术规定	

续表

类别	分项	技术要求	
建筑材料	选择原则	应环保、健康，符合国家、地方相关标准规定	
		耐用坚固，易于维护与清洁	
建筑玻璃	安全玻璃	定义	指符合现行国家标准的钢化玻璃、夹层玻璃及由钢化玻璃或夹层玻璃组合加工而成的其他玻璃制品
		使用范围	7 层及 7 层以上建筑物外开窗
			面积$>1.5m^2$的窗玻璃或玻璃底边离最终装修面$<500mm$的落地窗
			幕墙（全玻幕墙除外）
			倾斜装配窗、各类天棚（含天窗、采光顶）、吊顶、各类玻璃雨篷
			观光电梯及其外围护
			室内隔断、浴室围护和屏风
			楼梯、阳台、平台走廊的栏板和中庭内栏板
			用于承受行人行走的地面板
			酒店出入口、大堂等部位
			易遭受撞击、冲击而造成人体伤害的其他部位

续表

类别	分项	技术要求
安保设计	监控系统	高级酒店在客房层应设置视频安防监控摄像机
		重点部位宜设置入侵报警及出入口控制系统，或两者结合
		安全疏散通道上设置的出入口控制系统必须与火灾自动报警系统联动
	电视监控	主要设置位置包括主要出入口、大堂、楼梯、总台、重要通道、电梯厅和轿厢、车库及重要公共活动场所
	安全防范	客房入口门宜设安全防范设施
		酒店停车场的客用电梯不宜直接到达客房层，宜通过酒店大堂转换；否则，客用电梯需采用门卡控制的按钮

续表

<table>
<tr><th>类别</th><th>分项</th><th colspan="2">技术要求</th></tr>
<tr><td rowspan="7">卫生防疫</td><td>游泳池</td><td colspan="2">客人进入游泳池路径应按卫生防疫的要求布置</td></tr>
<tr><td>运输流线</td><td colspan="2">避免洁污混杂</td></tr>
<tr><td>直饮水</td><td colspan="2">设有直饮水系统时，其设计应符合现行行业标准《管道直饮水系统技术规程》CJJ 110</td></tr>
<tr><td rowspan="2">厨房</td><td colspan="2">平面布置应符合加工流程，避免往返交错，并应符合卫生防疫要求，防止生食与熟食混杂</td></tr>
<tr><td colspan="2">厨房进、出餐厅的门宜分开设置</td></tr>
<tr><td rowspan="2">垃圾清运</td><td colspan="2">应设集中垃圾间，位置宜靠近卸货平台或辅助部分的货物出入口</td></tr>
<tr><td colspan="2">垃圾应分类，按干、湿分设垃圾间，应采取通风、除湿、防蚊蝇等措施，湿垃圾宜采用专用冷藏间或专用湿垃圾处理设备</td></tr>
<tr><td rowspan="2">室内空气质量</td><td rowspan="2">室内装饰装修</td><td>室内装饰装修材料的选择</td><td rowspan="2">应符合现行国家标准《民用建筑工程室内环境污染控制规范》GB 50325 的规定</td></tr>
<tr><td>建筑室内环境污染物浓度限量</td></tr>
</table>

18 民用机场旅客航站楼建筑安全设计

18.1 机场安全保卫等级分类及要求

类别	一类	二类	三类	四类	标准及规范出处
年旅客量	≥1000 万人次	≥200 万人次 <1000 万人次	≥50 万人次 <200 万人次	<50 万人次	《民用运输机场安全保卫设施》MH/T 7003—2017 第 4.2.1 条、第 5.1.2 条
基本要求	应将航班旅客及其行李所使用的区域与通用航空（含公务航空）所使用的区域分开			宜将航班旅客及其行李所使用的区域与通用航空（含公务航空）所使用的区域分开	

续表

类别	一类	二类	三类	四类	标准及规范出处
空侧布局的要求	1. 周围不应有可能影响航空器安全的危险区域； 2. 周围不应建有可能影响空侧或受空侧影响的设施，如监狱、军事设施等具有自身安全保卫要求的设施（军民合用机场除外）； 3. 周围不宜有能够藏匿威胁航空器或重要机场设施的人员和物体的隐蔽区域； 4. 不应受周围学校、酒店、公园或社区设施的影响； 5. 应保留满足需要的运行空旷区域，并且应建有满足快速反应要求的应急反应路线				《民用运输机场安全保卫设施》MH/T 7003—2017 第5.2条
陆侧布局的要求	应符合公共安全方面的技术规范				《民用运输机场安全保卫设施》MH/T 7003—2017 第5.3条
航站楼布局的要求	由航站楼内对人员及物品的安全检查区，划分机场及航站楼的空侧和陆侧				《民用运输机场安全保卫设施》MH/T 7003—2017 第5.4条

18.2 功能区及设施地理布局的安全保卫要求

区域类别	空侧	空侧陆侧交界	陆侧	技术要求	标准及规范出处
航空器活动区	√			进入该区域需要实施适当的安保措施	《民用运输机场安全保卫设施》MH/T 7003—2017 第5.5条
航空器维修区	√	√		包含航空器停机坪或机库区域，同时又涉及公众进出和供应配送	
隔离停机位	√			用于航空器遭受到非法干扰时，装卸和检查货物、邮件和机供品，以及对航空器实施安保搜查	
航空货运区	√	√	√	货运公共区应位于陆侧，货物存放区应位于空侧，货物安检区应位于空陆侧交界上	

续表

区域类别	空侧	空侧陆侧交界	陆侧	技术要求	标准及规范出处
车辆治安检查站			√		《民用运输机场安全保卫设施》MH/T 7003—2017 第5.5条
停车场、公共停车场与员工停车场			√	距离航站楼主体建筑和空侧≥50m	
综合交通换乘点			√		
交通车辆蓄车区			√		
租赁车辆停放区			√		
航空器救援和消防设施	√		√	应符合应答时间要求的相关规定	
爆炸物处理区	√		√	位于空侧的爆炸物处理区距离航空器停机位、航站楼和油库等区域应≥100m，位于陆侧的爆炸物处理区距离变电站、空管设施、机场工作区、机场生活区等区域应≥100m，尽量减少爆炸冲击波造成的伤害	
公共停车场			√	航站楼主体建筑50m范围内（包括地下）不应设置公共停车场。新建航站楼地下不应设置员工停车场和员工车辆通道	《民用运输机场安全保卫设施》MH/T 7003—2017 第7.5条

18.3 航站楼安防设计要求

18.3.1 基本要求

类别	技术要求	标准及规范出处
分区	航站楼应实行分区管理［公共活动区、安检（联检）工作区、旅客候机隔离区、行李分拣装卸区和行李提取区等］，各区域之间应进行隔离，并根据区域安全保卫需要设有封闭管理、安全检查、通行管制、报警、视频监控、防爆、业务用房等安全保卫设施	《民用运输机场安全保卫设施》MH/T 7003—2017第8.1条
旅客	航站楼旅客流程设计中，国际旅客与国内旅客分开，国际进、出港旅客分流，国际、地区中转旅客再登机时应经过安全检查	
空陆侧隔离设施	航站楼的空侧和陆侧之间应设置空陆侧隔离设施，实施非透视物理隔离，隔离设施净高度不低于2.5m，公共区域一侧不应有用于攀爬的受力点和支撑点，并设置视频监控系统（物理隔断为全高度的情况除外），对物理隔断实施监控，并应能及时发现人员和物品的非法进入	

续表

类别	技术要求	标准及规范出处
管道	应对连接公共活动区和机场控制区的通风道、排水道、地下公用设施、隧道和通风井等进行物理隔离，并加以保护，防止未经授权人员和违禁物品非法进入机场控制区	《民用运输机场安全保卫设施》MH/T 7003—2017第8.1条
拆卸装置	空陆侧隔离设施的拆卸装置均应设在安全侧	
风口	空调回风口不应设置在公众可接触区域，否则应位于视频监控覆盖范围内	
标识	航站楼内应设置安全保卫、应急疏散等标识，并置于明显位置	
垂直交通	同一电梯或楼梯应只能通往相同安全保卫要求的区域；如果出现同一电梯或楼梯出入口在不同安全保卫要求的区域时，应设置有效的安全保卫设施，防止出现不同安全保卫要求区域或空陆侧互通的情况	
布局开阔	航站楼内应布局合理开阔，尽可能减少有可能隐匿危险物品或装置的区域，并便于安全检查	

18.3.2 各区域安防设施要求

类别	区域	技术要求	标准及规范出处
航站楼公共活动区	售票处、乘机手续办理柜台、安全检查通道等位置	安全保卫相关的告示牌、动态电子显示屏或广播等	《民用运输机场安全保卫设施》MH/T 7003—2017第8.2条
	售票柜台、值机柜台、行李传送带等设施的结构	应能防止无关人员和物品由此进入机场控制区	
	公共活动区	应配备可疑物品处置装置，如防爆罐、防爆球和防爆毯等。 一类、二类机场设公安执勤室或执勤点	
	从公共活动区俯视观察到航空器活动区的所有区域	均应实施物理隔离，净高度不低于2.5m，公共区域一侧不应有可用于攀爬的受力点和支撑点，并设置视频监控系统（物理隔断为全高度的情况除外），防止人员非法进入候机隔离区并应能及时发现向空侧投掷物品	

续表

类别	区域	技术要求	标准及规范出处
航站楼公共活动区	公共活动区应急疏散门	属于空陆侧隔离设施的，应满足空陆侧隔离设施要求，并对其内外两侧区域实施视频监控。当发生紧急情况时，应急疏散门应能自动、通过消防控制室远程控制、通过机械装置或破坏易碎装置等方式打开，并伴有声光警报	《民用运输机场安全保卫设施》MH/T 7003—2017 第8.2条
	小件行李寄存	配置实施安全检查的设备，小件行李寄存处应能锁闭	
	通道、管廊、管道出入口	应有安保设施，并置于视频监控覆盖范围内	
	垃圾箱	应置于视频监控覆盖范围内，并便于检查	
	卫生间门前区域	应在视频监控覆盖范围内，对进出卫生间人员实施监控	

续表

类别	区域	技术要求	标准及规范出处
航站楼公共活动区	公用设备间、杂物间、管道井及类似的封闭空间，灭火器储存柜和消防栓箱	应设有锁闭装置，应便于检查，防止藏匿危险物品或装置	《民用运输机场安全保卫设施》MH/T 7003—2017 第8.2条
	饮水设施的可接触饮用水的位置	应具有锁闭功能	
	航站楼出入口数量	应在保证通行顺畅的前提下尽可能少	
	门禁系统	一类、二类和三类机场应在公共活动区通往候机隔离区、航空器活动区之间的通行口，以及安全保卫要求不同的区域之间设置门禁系统；四类机场宜在公共活动区通往候机隔离区、航空器活动区之间的通行口，以及安全保卫要求不同的区域之间设置门禁系统，对进出人员进行身份验证和记录	

续表

类别	区域	技术要求	标准及规范出处
安检工作区	安检工作区	通告设施，可以采用机场动态电子显示屏、宣传栏、实物展示柜等形式	《民用运输机场安全保卫设施》MH/T 7003—2017第8.3条
	航站楼内所有区域	均不应俯视观察到安检工作现场，否则应实施非透视物理隔离，净高度不低于2.5m，公共区域一侧不应有用于攀爬的受力点和支撑点，并设置视频监控系统（物理隔断为全高度的情况除外）；必要时，应能够对公众关闭	
候机区	应封闭管理	凡与共活动区相邻或相通的门、窗和通道等，均应设置安全保卫设施，并对所有进入该区域的人员和物品进行安全检查	《民用运输机场安全保卫设施》MH/T 7003—2017第8.4条
	工作人员通道	应在满足必要运营需求的情况下，数量最少	

续表

类别	区域	技术要求	标准及规范出处
候机区	候机区	1. 不应在候机隔离区或候机隔离区上方设置属于公共活动区的通道或阳台； 2. 应急反应路线及通道应满足应急救援人员和应急装备，如担架、轮椅、爆炸物探测装置、运输设备、医疗护理设备等快速进入的需求； 3. 商品安检工作区宜与旅客人身和手提行李安检工作区分开； 4. 应为特许经营商的运货、仓储、员工出入路线设计适当的流程	《民用运输机场安全保卫设施》MH/T 7003—2017 第8.4条
行李	行李分拣装卸	应设置通行管制设施或采取通行管制措施，确保行李分拣装卸区仅允许授权人员进入	《民用运输机场安全保卫设施》MH/T 7003—2017 第8.5条
	行李提取	应设置通行管制设施或采取通行管制措施，防止未经授权人员从公共活动区进入行李提取区、从行李提取区进入候机隔离区或其他机场控制区	

续表

类别	区域	技术要求	标准及规范出处
出入口	航站楼入口	应预留实施安全保卫措施的空间放置防爆和防生化威胁等的安全保卫设施设备	《民用运输机场安全保卫设施》MH/T 7003—2017第8.6条
	登机口	应预留实施安全保卫措施的空间，用于实施旅客身份验证、旅客及其行李信息的二次核对、开包检查等安全保卫措施	
办公区	航站楼内办公区	一类、二类机场办公区出入口应设置门禁系统。警用设施存放地点、急救室等应合理布局，以提高快速反应能力	《民用运输机场安全保卫设施》MH/T 7003－2017第8.8条

18.3.3 航站楼的物理保护

类别	技术要求	标准及规范出处
基本要求	防止由试图闯进航站楼的车辆或放置在航站楼前面的爆炸物造成的直接攻击；如果设计有玻璃幕墙，则应考虑玻璃幕墙的防爆，如加贴防爆膜等，以减缓破碎时造成的二次伤害	《民用运输机场安全保卫设施》MH/T 7003—2017 第8.7条
航站楼前	应设置坚固护柱或阻挡设施，防止车辆开上人行道或进入航站楼，并应设置视频监控系统	
对外大门	应无法从外侧拆卸	
应急疏散口	机场控制区内应急疏散口应设置安全保卫设施，防止未经授权人员利用	
窗户	航站楼内可从公共活动区进入机场控制区的窗户，包括地下室、一层、靠近消防紧急出口和阳台的窗户等，都应确保无法从外部拆卸，并应采取相应的安全保卫措施，防止未经授权人员攀爬或利用	
通行口	从航站楼内外所有通往航站楼楼顶的通行口和管道，以及航站楼的天窗应设置物理防护设施，防止未经授权人员攀爬或利用	

18.3.4 人身和手提行李的安检工作区

类别	技术要求	标准及规范出处
安检工作区基本要求	每个独立的安检工作区均应设置人身和行李的安全检查设施设备，应设置能满足无障碍通过的安全检查通道，应配备可疑物品处置装备，如防爆球、防爆罐和防爆毯等	《民用运输机场安全保卫设施》MH/T 7003—2017第13.1条
	一类机场应配备移动式X射线安全检查设备，二类机场宜配备移动式X射线安全检查设备	
	设有贵宾室并有贵宾通道的航站楼应设置贵宾安全检查通道，设施设备配备标准同航站楼旅客人身和手提行李安全检查通道	
	一类、二类机场应设置机组和工作人员专用安全检查通道	
	应设置满足无障碍通过的安全检查通道，应设置旅客反向通道，并配备视频监控系统	
	配置液态物品检测设备、必要的人身防护装备	
	与公共活动区之间应实施全高度、非透视物理隔离；如不能实施全高度封闭，隔离，设施净高度应不低于2.5m，公共区域一侧不应有可用于攀爬的受力点和支撑点，并设置视频监控系统	
	应能够对公众关闭	

续表

类别	技术要求		标准及规范出处
安检工作区设施	旅客人身和手提行李安全检查通道要求及设施	应设置安检值班室、安检现场备勤室、特别检查室和暂存物品保管室等	《民用运输机场安全保卫设施》MH/T 7003—2017 第13.2条
		按照高峰小时旅客出港流量每180人设置一个通道，及备用通道	
		每条安全检查通道设置验证区、检查区、整理区。每条安全检查通道前的候检区长度应≥20m或面积应≥$40m^2$；	
		一类、二类和三类机场每个安全检查通道长度应≥13m（包括验证柜台），其中X射线安全检查设备前端应设置长度≥3.5m并与传送带相连的待检台；采用单门单机模式的每条安全检查通道宽度应≥4m，采用单门双机模式的两条安全检查通道宽度应≥8m。四类机场每个安全检查通道的安全检查现场面积应≥$40m^2$	
		每个安全检查通道应在工作区前端设置能够锁闭的门，宜在工作区后端设置能够锁闭的门，门体打开时应不影响安检人员的视线和操作	
		错位式通道之间应设置不低于2.5m的非透视的物理隔断，防止人员串行或物品传递	
		在安全检查通道内应设置旅客自弃物品箱；安全检查通道光照环境应满足安全检查各岗位工作的需要	

续表

<table>
<tr><th>类别</th><th></th><th colspan="4">技术要求</th><th>标准及规范出处</th></tr>
<tr><td rowspan="7">安检工作区设施</td><td rowspan="7">服务用房</td><td colspan="4">规模按照每人≥6m² 的面积指标设置</td><td rowspan="7">《民用运输机场安全保卫设施》MH/T 7003—2017 第 17.2 条</td></tr>
<tr><td>安检工作区</td><td>机场类型</td><td>安检值班室（m²）</td><td>特别检查室（m²）</td></tr>
<tr><td rowspan="3">安检值班室和特别检查室的使用面积应符合</td><td>一类</td><td>≥25</td><td>≥15</td></tr>
<tr><td>二类</td><td>≥20</td><td>≥15</td></tr>
<tr><td>三类、四类</td><td>≥15</td><td>≥10</td></tr>
<tr><td colspan="4">一、二类机场安检现场备勤室、监护备勤室使用面积应按照执勤人员数量的 1/3 进行设置，每人使用面积应≥2m²；三类、四类机场备勤室可与安检值班室共用</td></tr>
</table>

18.3.5 安全保卫控制中心、监控中心、公安业务用房

类别	技术要求		标准及规范出处
安全保卫控制中心	可设在机场或航站楼运行控制中心内，功能性使用面积≥$60m^2$		《民用运输机场安全保卫设施》MH/T 7003—2017 第17.1条
视频监控中心	总控室功能性使用面积≥$60m^2$，不包含设备间和业务用房		
	分控室功能性使用面积≥$20m^2$，		
一类、二类机场公安业务用房	公安执勤室	≥$20m^2$	
	警卫室	≥$15m^2$	
	办证室	≥$15m^2$	
	器械室	≥$10m^2$	

19 商业建筑安全设计

19.1 场地安全设计

商业建筑场地安全设计　　表 19.1

类别		技术要求	规范依据
总平面	城市道路关系	应至少有一面直接临接城市道路，该城市道路应有足够的宽度，以减少人员疏散时对城市正常交通的影响	《民用建筑设计通则》GB 50325—2005 第 4.1.6 条
		场地沿城市道路的长度应按建筑规模或疏散人数确定，并至少不小于场地周长的 1/6	
	出入口	场地应至少有两个或两个以上不同方向通向城市道路的（包括以场地道路连接的）出口	
		场地或建筑物的主要出入口，不得和快速道路直接连接，也不得直对城市主要干道的交叉口	

续表

类别		技术要求	规范依据
总平面	集散场地	大型和中型商业建筑的主要出入口前，应留有人员集散场地，且场地的面积和尺度应根据零售业态、人数及规划部门的要求确定	《商店建筑设计规范》JGJ 48—2014 第3.2.1条
		绿化和停车场布置不应影响集散空地的使用，并不宜设置围墙、大门等障碍物	《民用建筑设计通则》GB 50325—2005 第4.1.6条
环境安全	光污染控制	为避免交通安全隐患等风险，建筑及照明设计应避免产生光污染；其中，玻璃幕墙可见光反射比≤0.2，室外夜景照明光污染的限制符合现行行业标准	《绿色商店建筑评价标准》GB/T 51100—2015 第4.2.4条、第4.2.5条、第4.2.11条
	场地风环境	冬季建筑物周围人行区距地1.5m高处风速$v<5\mathrm{m/s}$，以避免对人们正常室外活动的影响	
	径流量控制	场地设计应合理评估和预测场地可能存在的水涝风险，对场地雨水实施减量控制，尽量使场地雨水就地消纳或利用，防止径流外排到其他区域形成水涝和污染	

19.2 建筑安全设计

商业建筑防火分区面积限值 **表 19.2-1**

类别		技术要求	规范依据
营业厅防火分区	一、二级耐火等级高层建筑内	≤4000m²（不含餐饮功能）	《建筑设计防火规范》GB 50016—2014 第5.3.4条
	一、二级耐火等级单层建筑或仅设置在多层建筑的首层内	≤10000m²（不含餐饮功能）	
	一级耐火等级地下或半地下建筑内	≤2000m²（不含餐饮功能） 不应设置在地下三层及以下楼层	

续表

类别		技术要求	规范依据
营业厅防火分区	餐饮功能	防火分区的建筑面积需要按照民用建筑的其他功能（非营业厅）的防火分区要求划分，并要与其他商业营业厅进行防火分隔；设置自动灭火系统时，一、二级高层为 $3000m^2$，一、二级裙房、单、多层为 $5000m^2$	《建筑设计防火规范》GB 50016—2014 第 5.3.1 条，第 5.3.4 条文说明
总建筑面积 $>20000m^2$ 的地下或半地下商业	分隔	应采用无门、窗、洞口的防火墙、耐火极限≥2.00h 的楼板分隔为多个建筑面积 $\leqslant 20000m^2$ 的区域	《建筑设计防火规范》GB 50016—2014 第 5.3.5 条
	局部连通	应采用下沉式广场等室外开敞空间、防火隔间、避难走道、防烟楼梯间等方式进行连通	

注：本表面积为设置自动灭火系统和火灾自动报警系统并采用不燃或难燃装修材料时的上限值。

局部连通防火设计要求　　表 19.2-2

类别		技术要求	规范依据
下沉式广场	不同区域的开口水平距离	分隔后的不同区域通向下沉式广场等室外开敞空间的开口最近边缘之间的水平距离≥13m	《建筑设计防火规范》GB 50016—2014 第6.4.12条
	室外开敞空间用途	室外开敞空间除用于人员疏散外不得用于其他商业或可能导致火灾蔓延的用途	
	用于疏散的净面积	≥169m²（不包括景观、水池）	
	直通地面的疏散楼梯	应设置不少于1部	
	疏散楼梯的总净宽度	不应小于任一防火分区通向室外开敞空间的设计疏散总净宽度	
	防风雨棚	不应完全封闭，四周开口部位应均匀布置，开口的面积不应小于该空间地面面积的25%，开口高度≥1.0m；开口设置百叶时，百叶的有效排烟面积可按百叶通风口面积的60%计算	

续表

类别		技术要求	规范依据
防火隔间	建筑面积	≥6m²	《建筑设计防火规范》GB 50016—2014 第6.4.13条
	门	应采用甲级防火门，不同防火分区通向防火隔间的门不应计入安全出口，门的最小间距应≥4m	
	内部装修材料	应为A级	
	用途	不应用于除人员通行外的其他用途	
避难走道	直通地面的出口	不应少于2个，并应设置在不同方向；当避难走道仅与一个防火分区相同且该防火分区至少有一个直通室外的安全出口时，可设置1个直通地面的出口	《建筑设计防火规范》GB 50016—2014 第6.4.14条
	疏散距离	任一防火分区通向避难走道的门至该避难走道最近直通地面的出口的距离应≤60m	
	净宽度	不应小于任一防火分区通向该避难走道的设计疏散总净宽度	
	内部装修材料	应为A级	

续表

类别		技术要求	规范依据
避难走道	防烟前室	防火分区至避难走道入口处应设置防烟前室，前室的使用面积应≥6.0m²，开向前室的门应采用甲级防火门，前室开向避难走道的门应采用乙级防火门	《建筑设计防火规范》GB 50016—2014 第 6.4.14 条
	设备要求	应设置消火栓、消防应急照明、应急广播和消防专线电话	

中庭防火设计要求　　表 19.2-3

类别		技术要求	规范依据
中庭防火分区叠加计算面积大于相应限值时	与周围连通空间的防火分隔	采用防火隔墙时，其耐火极限应≥1.00h 采用防火玻璃墙时，其耐火隔热性和耐火完整性应≥1.00h 采用耐火完整性≥1.00h的非隔热性防火玻璃墙时，应设置自动喷水灭火系统进行保护 采用防火卷帘时，其耐火极限应≥3.00h	《建筑设计防火规范》GB 50016—2014 第 5.3.2 条
	与中庭相连通的门、窗	应采用火灾时能自行关闭的甲级防火门、窗	
	高层建筑内的中庭回廊	应设置自动喷水灭火系统和火灾自动报警系统	
	其他	中庭内应设置排烟措施，不应布置可燃物	

商业建筑的安全疏散距离　　表 19.2-4

<table>
<tr><th colspan="2">类别</th><th colspan="6">技术要求</th><th>规范依据</th></tr>
<tr><td rowspan="5">距离要求</td><td>位置</td><td colspan="3">位于两个安全出口之间的疏散门（m）</td><td colspan="3">位于袋形走道两侧或尽端的疏散门（m）</td><td rowspan="5">《建筑设计防火规范》GB 50016—2014 第 5.5.17 条</td></tr>
<tr><td>防火等级</td><td>一、二级</td><td>三级</td><td>四级</td><td>一、二级</td><td>三级</td><td>四级</td></tr>
<tr><td>歌舞娱乐放映游艺场所</td><td>25</td><td>20</td><td>15</td><td>9</td><td>—</td><td>—</td></tr>
<tr><td>单、多层</td><td>40</td><td>35</td><td>25</td><td>22</td><td>20</td><td>15</td></tr>
<tr><td>高层</td><td>40</td><td>—</td><td>—</td><td>20</td><td>—</td><td>—</td></tr>
<tr><td rowspan="3">专项规定</td><td>敞开式外廊</td><td colspan="6">建筑内开向敞开式外廊的房间疏散门至最近安全出口的直线距离可按本表的规定增加 5m</td><td rowspan="3">《建筑设计防火规范》GB 50016—2014 第 5.5.17 条</td></tr>
<tr><td>敞开楼梯间</td><td colspan="6">直通疏散走道的房间疏散门至最近敞开楼梯间的直线距离，当房间位于两个楼梯间之间时，应按本表的规定减少 5m；当房间位于袋形走道两侧或尽端时，应按本表的规定减少 2m</td></tr>
<tr><td>自动喷水灭火系统</td><td colspan="6">建筑物内全部设置自动喷水灭火系统时，其安全疏散距离可按本表的规定增加 25%</td></tr>
</table>

续表

类别		技术要求	规范依据
专项规定	首层大堂楼梯间	楼梯间应在首层直通室外，确有困难时，可在首层采用扩大的封闭楼梯间或防烟楼梯间前室；当层数不超过4层且未采用扩大的封闭楼梯间或防烟楼梯间前室时，可将直通室外的门设置在离楼梯间≤15m处	《建筑设计防火规范》GB 50016—2014 第5.5.17条
	房间内疏散	房间内任一点至房间直通疏散走道的疏散门的直线距离，不应大于本表规定的袋形走道两侧或尽端的疏散门至最近安全出口的直线距离	
	营业厅等室内疏散距离	一、二级耐火等级建筑内疏散门或安全出口不少于2个的观众厅、多功能厅、餐厅、营业厅等，其室内任一点至最近疏散门或安全出口的直线距离应≤30m；当疏散门不能直通室外地面或疏散楼梯间时，应采用长度≤10m的疏散走道通至最近的安全出口；当该场所设置自动喷水灭火系统时，室内任一点至最近安全出口的安全疏散距离可分别增加25%	

商业建筑的安全疏散宽度 **表 19.2-5**

类别		技术要求					规范依据
疏散宽度计算公式		计算所需宽度＝$\frac{建筑面积\times人员密度\times每百人疏散净宽}{100}$					《建筑设计防火规范》GB 50016—2014 第 5.5.20 条、第 5.5.21 条及其条文说明
建筑面积	面积计算范围	营业厅的建筑面积，既包括营业厅内展示货架、柜台、走道等顾客参与购物的场所，也包括营业厅内的卫生间、楼梯间、自动扶梯等的建筑面积					
	不计面积范围	对于进行了严格的防火分隔，并且疏散时无需进入营业厅内的仓储、设备房、工具间、办公室等，可不计入营业厅的建筑面积					
商业营业厅内的人员密度（人/m²）	楼层位置	地下二层	地下一层	地上一、二层	地上三层	地上四层及以上各层	《建筑设计防火规范》GB 50016—2014 第 5.5.21 条
	人员密度	0.56	0.60	0.43～0.60	0.39～0.54	0.30～0.42	

续表

类别		技术要求	规范依据
商业营业厅内的人员密度（人/m^2）	商业建筑的疏散人数确定	商业建筑的疏散人数应按每层营业厅的建筑面积乘以本表规定的人员密度计算，当营业厅的建筑面积<3000m^2时宜取上限值；对于建材商店、家具和灯饰展示建筑，其人员密度可按本表规定值的30%折减；但当设置有多种商业用途时，仍需按照该建筑的主要商业用途来确定人员密度值，不能折减	《建筑设计防火规范》GB 50016—2014第5.5.21条文说明
	歌舞娱乐放映游艺场所的人员密度	歌舞娱乐放映游艺场所中录像厅的疏散人数，应根据厅、室的建筑面积按≥1.0人/m^2计算；其他歌舞娱乐放映游艺场所的疏散人数，应根据厅、室的建筑面积≥0.5人/m^2计算	《建筑设计防火规范》GB 50016—2014第5.5.21条
	有固定座位的场所的人员密度	有固定座位的场所，其疏散人数可按实际座位数的1.1倍计算	

续表

<table>
<tr><th colspan="3">类　别</th><th colspan="3">技　术　要　求</th><th>规范依据</th></tr>
<tr><td rowspan="6">每 100 人最小疏散净宽度（m/百人）</td><td colspan="2">耐火等级</td><td>一、二级</td><td>三级</td><td>四级</td><td rowspan="7">《建筑设计防火规范》GB 50016—2014 第 5.5.21 条</td></tr>
<tr><td rowspan="3">地上楼层</td><td>1～2 层</td><td>0.65</td><td>0.75</td><td>1.00</td></tr>
<tr><td>3 层</td><td>0.75</td><td>1.00</td><td>—</td></tr>
<tr><td>≥4 层</td><td>1.00</td><td>1.25</td><td>—</td></tr>
<tr><td rowspan="2">地下楼层</td><td>$\Delta H \leqslant$ 10m</td><td>0.75</td><td>—</td><td>—</td></tr>
<tr><td>$\Delta H \geqslant$ 10m</td><td>1.00</td><td>—</td><td>—</td></tr>
<tr><td></td><td colspan="2">地下或半地下人员密集场所每 100 人最小疏散净宽度</td><td colspan="3">地下或半地下人员密集的厅、室和歌舞娱乐放映游艺场所，其房间疏散门、安全出口、疏散走道和疏散楼梯的各自总净宽度，应根据疏散人数按每 100 人不少于 1.00m 计算确定</td></tr>
</table>

续表

类别		技术要求	规范依据
总净宽度	各层总净宽度	每层的房间疏散门、安全出口、疏散走道和疏散楼梯的各自总净宽度，应根据疏散人数按每100人的最小疏散净宽度不小于本表的规定计算确定	《建筑设计防火规范》GB 50016—2014第5.5.21条
		当每层疏散人数不等时，疏散楼梯的总净宽度可分层计算，地上建筑内下层楼梯的总净宽度应按该层及以上疏散人数最多的一层人数计算；地下建筑内上层楼梯的总净宽度应按该层及以下疏散人数最多一层的人数计算	
	外门总净宽度	首层外门的总净宽度应按该建筑疏散人数最多一层的人数计算确定，不供其他楼层人员疏散的外门，可按本层的疏散人数计算确定	

续表

类别		技术要求	规范依据
专项规定	疏散门	商业营业厅的疏散门应为平开门，应向疏散方向开启，其净宽应≥1.40m	《商店建筑设计规范》JGJ 48—2014 第5.2.3条
		紧靠门口内外各1.40m范围内不应设置踏步，并不宜设置门槛	《建筑设计防火规范》GB 50016—2014 第5.5.19条
	饮食店铺的灶台	大型和中型商业建筑内连续排列的饮食店铺的灶台不应面向公共通道，并应设置机械排烟通风设施	《商店建筑设计规范》JGJ 48—2014 第4.2.11条
	等候区、内摆或外摆空间	因店铺营业需要所设置的等候区、内摆或外摆空间，疏散通道和楼梯间内的装修、橱窗和广告牌等，均不应影响疏散宽度	《商店建筑设计规范》JGJ 48—2014，第5.2.4条及工程经验总结

注：ΔH 为与地面出入口地面的高差。

有顶步行商业街安全设计　　表 19.2-6

类别		技术要求	规范依据
商业街	宽度	利用现有街道改造的步行商业街，其街道最窄处不宜<6m，新建步行商业街应留有宽度不<4m 的消防车通道	《建筑设计防火规范》GB 50016—2014 第 5.3.6 条
		两侧建筑相对面的最近距离不应小于相应高度建筑的防火间距且不应<9m	
	长度	不宜>300m	
	高度	顶棚下檐距地面高度不应<6m	
	端部	在各层均不宜封闭，确需封闭时，应在外墙上设置可开启的门窗，且可开启门窗的面积不应小于该部位外墙面积的一半	
	顶棚	顶棚材料应采用不燃或难燃材料，其承重结构的耐火极限不应<1.00h	
		顶棚应设置自然排烟设施并宜采用常开式的排烟口，且自然排烟口的有效面积不应小于步行街地面面积的 25%；常闭式自然排烟设施应能在火灾时手动和自动开启	

续表

类别		技术要求	规范依据
商业街	疏散楼梯	应靠外墙设置并宜直通室外，确有困难时，可在首层直接通至步行街	《建筑设计防火规范》GB 50016—2014 第5.3.6条
	疏散距离	首层商铺的疏散门可直接通至步行街，步行街内任一点到达最近室外安全地点的步行距离不应>60m	
		二层及以上各层商铺的疏散门至该层最近疏散楼梯口或其他安全出口的直线距离不应>37.5m	
	回廊、挑檐	出挑宽度不应<1.2m	
	回廊、连接天桥	各层楼板的开口面积不应小于步行街地面面积的37%，且开口宜均匀布置	

续表

类别		技术要求	规范依据
两侧建筑	商铺面积	每间不宜大于 $300m^2$	《建筑设计防火规范》GB 50016—2014 第 5.3.6 条
	首层商铺疏散门	可直接通至步行街	
	耐火等级	不应低于二级	
	隔墙	商铺之间应设置耐火极限不<2.00h 的防火隔墙	
	面向步行街一侧构件防火	面向步行街一侧的围护构件的耐火极限不应<1.00h，并宜采用实体墙，其门、窗应采用乙级防火门、窗	
		相邻商铺之间面向步行街一侧应设置宽度不小于1.0m、耐火极限不低于1.00h 的实体墙	
消防设备		步行街两侧建筑的商铺外应每隔 30m 设置 *DN*65 的消火栓，并应配备消防软管卷盘或消防水龙	《建筑设计防火规范》GB 50016—2014 第 5.3.6 条
		商铺内应设置自动喷水灭火系统和火灾自动报警系统	
		每层回廊均应设置自动喷水灭火系统	
		步行街内宜设置自动跟踪定位射流灭火系统	
		步行街两侧建筑的商铺内外均应设置疏散照明、灯光疏散指示标志和消防应急广播系统	

商业建筑专项安全设计　　表 19.2-7

类别		技术要求	规范依据
自动扶梯、自动人行道	倾斜角度	自动扶梯倾斜角度不应＞30°，自动人行道倾斜角度不应＞12°	《商店建筑设计规范》JGJ 48—2014 第4.1.8条
	缓冲区域	自动扶梯、自动人行道上下两端水平距离3m范围内应保持畅通，不得兼作他用	
	扶手带中心线与外侧构件水平距离	扶手带中心线与平行墙面或楼板开口边缘间的距离、相邻设置的自动扶梯或自动人行道的两梯（道）之间扶手带中心线的水平距离应＞0.50m，否则应采取措施，以防对人员造成伤害	
	防坠落防护措施	根据工程实践经验，自动扶梯扶手带顶面距梯级前缘或踏板表面或胶带表面之间的垂直距离（0.90～1.10m）为适宜扶握尺寸，应同时满足栏杆临空高度的要求，当扶梯悬空高度较高时，宜于外侧设置防护栏杆或防护网，以免高空坠落造成人员伤害	《自动扶梯和自动人行道的制造与安装安全规范》GB 16899—2011 第5.5.2.1条及工程经验总结

续表

类别		技术要求	规范依据
自动扶梯、自动人行道	垂直净高	自动扶梯的梯级、自动人行道的踏板或胶带上空，垂直净高不应<2.30m	《民用建筑设计通则》GB 50325—2005第6.8.2条
	单向设置时	自动扶梯和层间相通的自动人行道单向设置时，应就近布置相匹配的楼梯	
	上下层贯通空间防火	设置自动扶梯或自动人行道所形成的上下层贯通空间，应符合防火规范所规定的有关防火分区等要求	
栏杆	防攀爬构造、垂直杆件净距	楼梯、室内回廊、内天井等临空处的栏杆应采用防攀爬的构造，当采用垂直杆件做栏杆时，其杆件净距不应>0.11m	《民用建筑设计通则》GB 50325—2005第6.6.3条
	栏杆高度	临空高度<24m时，栏杆高度不应<1.05m，临空高度≥24m时，栏杆高度不应<1.10m	
		人员密集的大型商业建筑的中庭应提高栏杆的高度，当采用玻璃栏板时，应符合现行行业标准《建筑玻璃应用技术规程》JGJ 113的规定	

续表

<table>
<tr><th colspan="2">类别</th><th>技术要求</th><th>规范依据</th></tr>
<tr><td colspan="2" rowspan="2">楼地面</td><td>商业建筑中有大量人流、小型推车行驶的地面，其面层应采用防滑、耐磨、不易起尘的磨光地砖、花岗石、微晶玻璃石板或经增强的细石混凝土等材料</td><td rowspan="2">《全国民用建筑工程设计技术措施-规划、建筑、景观》2009 第 6.2.3 条</td></tr>
<tr><td>存放食品、饮料或药物的房间，其存放物有可能与地面接触者，严禁采用有毒性的或有气味的塑料、涂料或沥青地面</td></tr>
<tr><td rowspan="2">幕墙</td><td>全隐框玻璃幕墙</td><td>人员密集、流动性大的商业建筑，临近道路、广场及下部为出入口、人员通道的区域，严禁采用全隐框玻璃幕墙</td><td rowspan="2">《住房城乡建设部国家安全监管总局关于进一步加强玻璃幕墙安全防护工作的通知 建标［2015］38 号》</td></tr>
<tr><td>缓冲区域</td><td>在二层及以上安装玻璃幕墙的，应在幕墙下方周边区域合理设置绿化带或裙房等缓冲区域，也可采用挑檐、防冲击雨篷等防护设施</td></tr>
</table>

续表

类别	技术要求	规范依据
招牌、广告等附着物	商店建筑外部的招牌、广告等附着物应与建筑物之间牢固结合，且凸出的招牌、广告等的底部至室外地面的垂直距离不应<5m	《商店建筑设计规范》JGJ 48—2014 第4.1.3条
标识设计	商业建筑标识设计应满足正常使用情况下人、车流和业态指引要求，并应满足紧急情况下疏散和避难指引要求	工程经验总结

19.3 结构安全设计

结构安全设计　　表 19.3

类别	技术要求	规范依据
百货超市	活荷载≥5.0kPa	《建筑结构荷载规范》DBJ 15—101—2014 第5.1.1条

续表

类别		技术要求	规范依据
大型仓储式商业使用荷载	储存笨重商品	30kPa	《建筑结构荷载规范》DBJ 15—101—2014 第5.1.2条
	储存容重较大商品	20kPa	
	储存容重较轻商品	15kPa	
	储存轻泡商品	8kPa	
	综合商品仓库	15kPa	
	各类库房的底层地面	20kPa	
玻璃顶棚		根据工程经验，商业建筑公共空间玻璃顶棚常因经营需要，吊挂宣传条幅和大型装饰构筑物，故其钢架荷载取值宜对此做适当考虑	工程经验总结

19.4 给排水安全设计

给排水安全设计 **表19.4**

类别		技术要求	规范依据
给水、排水设计	雨水设计重现期	一般场地不小于5年，下沉广场、车库出入口不小于50年，屋面不小于10年	《建筑给水排水设计规范》GB 50015—2003（2009年版）第4.9.5条

续表

类别		技术要求	规范依据
给水、排水设计	防止误饮误用	在非饮用水管道上接出水嘴或取水短管时，应采取防止误饮误用的措施	《建筑给水排水设计规范》GB 50015—2003（2009年版）第3.2.14条
	超级市场生鲜食品区、菜市场	超级市场生鲜食品区、菜市场应设给水和排水设施，采用明沟排水时，排水沟与排水管道连接处应设置格栅或带网框地漏，并应设水封装置	《商店建筑设计规范》JGJ 48—2014第7.1.6条
	防结露	对于可能结露的给水排水管道，应采取防结露措施	《商店建筑设计规范》JGJ 48—2014第7.1.7条
	通气立管	公共卫生间的生活污水立管应设通气立管	《建筑给水排水设计规范》GB 50015—2003（2009年版）第4.6.2条
	地漏	带水封的地漏水封深度不得小于50mm 应优先采用具有防涸功能的地漏 食堂、厨房和公共浴室等排水宜设置网框式地漏 严禁采用钟罩（扣碗）式地漏	《建筑给水排水设计规范》GB 50015—2003（2009年版）第4.5.9条、4.5.10条、4.5.10A条
	沉箱底部排水	下沉式卫生间、厨房间等有可能积水的沉箱底部应设排水措施。	参见《深圳市建筑防水工程技术规范》SJG 19—2013 7.2.5条

续表

类别		技术要求	规范依据
消防设施	消防软管卷盘	商业建筑和建筑面积>200m^2 的商业服务网点内应设置消防软管卷盘或轻便消防水龙	《建筑设计防火规范》GB 50016—2014 第 8.2.4 条
	设备室	大型商业建筑中的变配电室、特殊重要设备室应设置自动灭火系统，并宜采用气体灭火系统	《建筑设计防火规范》GB 50016—2014 第 8.3.9 条 《大型商业建筑设计防火规范》DBJ 50—054—2013 第 7.1.12 条
	自动喷水灭火系统	公共娱乐场所、中庭环廊、地下商业及仓储用房宜采用快速响应喷头	《自动喷水灭火系统设计规范》GB 50084—2001（2005 年修订版）第 6.1.6 条
		净空高度>800mm 的闷顶和技术夹层内有可燃物时，应设置喷头	《自动喷水灭火系统设计规范》GB 50084—2001（2005 年修订版）第 7.1.8 条

19.5 暖通空调安全设计

暖通空调安全设计　　表 19.5

<table>
<tr><th colspan="2">类别</th><th>技术要求</th><th>规范依据</th></tr>
<tr><td rowspan="6">供暖、通风和空气调节设计</td><td rowspan="2">应急预案</td><td>公共场所经营者应当制定预防空调系统传播疾病的应急预案</td><td rowspan="3">《公共场所集中空调通风系统卫生规范》WS 394—2012，第5.5、5.6、5.7条</td></tr>
<tr><td>应包括不同送风区域隔离控制措施、最大新风量或全新风运行方案、空调系统的清洗消毒方法等</td></tr>
<tr><td>空气传播性传染病流行期间</td><td>卫生要求应满足卫生行政部门的相应要求</td></tr>
<tr><td>新风系统</td><td>集中空调系统的新风应直接取自室外，不应从机房、楼道及天棚吊顶等处间接吸取新风</td><td>《公共场所集中空调通风系统卫生规范》WS 394—2012 第 3.8 条</td></tr>
<tr><td rowspan="2">集中空调系统的新风口</td><td>应设置防护网和初效过滤器</td><td rowspan="2">《公共场所集中空调通风系统卫生规范》WS 394—2012 第 3.9 条</td></tr>
<tr><td>设置在室外空气清洁的地点，远离开放式冷却塔和其他污染源</td></tr>
</table>

续表

类别		技术要求	规范依据
供暖、通风和空气调节设计	集中空调系统的新风口	低于排风口	《公共场所集中空调通风系统卫生规范》WS 394—2012第3.9条
		进风口的下缘距室外地坪宜≥2m，当设在绿化地带时，宜≥1m	
		进排风不应短路	
	集中空调系统应具备的设施	应急关闭回风和新风的装置	《公共场所集中空调通风系统卫生规范》WS 394—2012第3.6条
		控制空调系统分区域运行的装置	
		供风管系统清洗、消毒用的可开闭窗口，或便于拆卸的≥300mm×250mm的风口	
消防设施		供暖、通风和空气调节系统应采取防火措施	《建筑设计防火规范》GB 50016—2014第9.1.1条
		防排烟风道、事故通风风道及相关设备应采用抗震支吊架	《建筑机电工程抗震设计规范》GB 50981—2014第5.1.4条

19.6 电气安全设计

电气安全设计 **表 19.6**

类别		技术要求	规范依据
电气设施	室内照明设计	商店建筑内的照明设计应与室内设计及商店工艺设计同步进行，一般照明、局部重点照明和装饰艺术照明应有机结合	《商店建筑设计规范》JGJ 48—2014第7.3.2条
	夜间照明设计	大中型商店建筑、步行商业街应做建筑夜间照明设计，并满足相应安全通行照度要求	工程经验总结
	应急疏散	大中型商店建筑及建筑面积≥500m² 的地下和半地下商店通往安全出口的疏散走道地面上设置能够保持视觉连续的灯光或蓄光疏散指示标志	《商店建筑电气设计规范》JGJ 392—2016第5.3.6条
	客梯、自动扶梯	大中型商店建筑客梯、自动扶梯宜采用双电源供电，末端自动切换。扶梯两端应设急停按钮	《商店建筑电气设计规范》JGJ 392—2016第4.5.1条及工程经验

续表

类别		技术要求	规范依据
电气设施	电气安全标志	商店建筑内电气用房、公共区域电气设备等应设置相应电气安全标志，标志的颜色、几何形状、尺寸应符合《电气安全标志》GB/T 29481的规定	工程经验总结
	消防控制室	应采取防水淹的技术措施，不应设置在电磁场干扰较强及其他可能影响消防控制设备正常工作的房间附近	《民用建筑电气设计规范》JGJ 16—2008第3.4.6条、第3.4.7条
配变电室、所	设置位置	配变电所不应设在厕所、浴室、厨房或其他经常积水场所的正下方，且不宜与上述场所贴邻；如果贴邻，相邻隔墙应做无渗漏、无结露等防水处理	《20kV及以下变电所设计规范》GB 50053—2013第2.0.1条、第2.0.3条、第6.2.4条、第6.2.6条、第6.2.9条
		装有可燃油电气设备的变配电室，不应设在人员密集场所的正上方、正下方、贴临和疏散出口的两旁，不应设置在低洼和可能积水的场所	

续表

类别		技术要求	规范依据
配变电室、所	设置位置	当配变电所的正上方、正下方为居住、客房、办公室等场所时，配变电所应作屏蔽处理	《20kV及以下变电所设计规范》GB 50053—2013第2.0.1条、第2.0.3条、第6.2.4条、第6.2.6条、第6.2.9条
		配变电所可设置在建筑物的地下层，但不宜设置在最底层	
	封闭设计	变压器室、配电室等应设置防雨雪和小动物从采光窗、通风窗、门、电缆沟等进入室内的设施	
	防水、排水措施	变配电室的电缆夹层、电缆沟和电缆室应采取防水、排水措施	
	地面	变配电室地面应抬高200～300mm，防止进水	
	出口	长度大于7m的配电装置室应设两个出口，并宜布置在配电室的两端	

续表

类别		技术要求	规范依据
民用建筑内的柴油发电机房	设置位置	不应布置在人员密集场所的上一层、下一层或贴邻	《建筑设计防火规范》GB 50016—2014 第 5.4.13 条、第 5.4.15 条
	防火分隔	应采用耐火极限≥2.00h 的防火隔墙和≥1.50h 的不燃性楼板与其他部位分隔，门应采用甲级防火门	
	储油间	机房内设置储油间时，其总储存量应≤1m³，储油间应采用耐火极限≥3.00h 的防火隔墙与发电机间分隔；确需在防火隔墙上开门时，应设置甲级防火门	
		储油间的油箱应密闭且应设置通向室外的通气管，通气管应设置带阻火器的呼吸阀，油箱的下部应设置防止油品流散的设施	
	切断阀	在进入建筑物前和设备间内的管道上均应设置自动和手动切断阀	
	隔声措施	发电机房应采取机组消声及机房隔声综合治理措施	《民用建筑电气设计规范》JGJ 16—2008 第 6.1.3 条
	排烟	排烟管道应装设消声器，达到环境保护要求	

续表

类别		技术要求	规范依据
设备、管线安装		电缆桥架、保护管及相关设备安装应采取抗震措施	《建筑机电工程抗震设计规范》GB 50981—2014第7.1条、第7.4条
智能化系统	机房位置	不应设在厕所、浴室或其他经常积水场所的正下方，且不宜与上述场所相贴临。重要机房应远离强磁场所	《民用建筑电气设计规范》JGJ 16—2008第23.2.1条
	防雷	信息系统应根据系统的等级采取防雷措施，应做等电位联结	《建筑物电子信息系统防雷技术规范》GB 50343—2012第4.1条、第5.2.2条

20 博物馆建筑安全设计

20.1 藏品保存环境

20.1.1 基本要求

应满足条件	稳定的、适于藏品长期保存的环境	规范依据：《博物馆建筑设计规范》JGJ 66—2015 第6.0.1条、第6.0.2条
	防止藏品受人为破坏的安全条件	
	不遭受火灾危险的消防条件	
	保障藏品保存环境、安全和消防条件等不受破坏的监控设施	
	对温度、相对湿度、空气质量、污染物浓度、光辐射的控制	
	防生物危害、防水、防潮、防尘、防振动、防地震、防雷等	

20.1.2 温湿度控制

用　房	原 则	技术要求	规范依据
收藏、展示或修复对温度、湿度敏感藏品的库房、展厅、藏品技术用房等	应设置空气调节设备；其温度和相对湿度应保持稳定	温度日较差应控制在2°～5°范围，相对湿度日波动值应控制在5%以内，并应根据藏品材质类别确定	《博物馆建筑设计规范》JGJ66—2015第6.0.3条
未设空气调节设备的藏品库房	贯彻恒温变湿的原则	相对湿度不应大于70% 昼夜间的相对湿度差不宜大于5%	

注：温度、相对湿度及其变化幅度的限值应根据藏品的材质类别及相关因素确定。

博物馆藏品保存环境相对湿度标准

材质	藏　品	温度	相对湿度%	规范依据
金属	青铜器、铁器、金银器、金属币	20	0～40	《博物馆建筑设计规范》JGJ 66—2015第6.0.3条
	锡器、铅器	25	0～40	
	珐琅器、搪瓷器	20	40～50	

续表

材质	藏　品	温度	相对湿度%	规范依据
硅酸盐	陶器、陶俑、唐三彩、紫砂器、砖瓦	20	40～50	《博物馆建筑设计规范》JGJ 66—2015 第 6.0.3 条
	瓷器	20	40～50	
	玻璃器	20	0～40	
岩石	石器、碑刻、石雕、石砚、画像石、岩画、玉器、宝石	20	40～50	
	古生物化石、岩矿标本	20	40～50	
	彩绘泥塑、壁画	20	40～50	
纸类	纸张、文献、经卷、书法、国画、书籍、拓片、邮票	20	50～60	
织品类、油画等	丝毛棉麻纺织品、织绣、服装、帛书、唐卡、油画	20	50～60	
竹木制品类	漆器、木器、木雕、竹器、藤器、家具、版画	20	50～60	
动植物材料	象牙制品、甲骨制品、角制品、贝壳制品	20	50～60	
	皮革、皮毛	5	50～60	
	动物标本、植物标本	20	50～60	
其他	黑白照片及胶片	15	40～50	
	彩色照片及胶片	0	40～50	

20.1.3　防污染控制

区域	技术要求	规范依据
藏品保存场所	墙体内壁材料应易清洁、易除尘并能增加墙体密封性 地面材料应防滑、耐磨、消声、无污染、易清洁、具弹性	《建筑设计资料集》第三版第二册博物馆［16］藏品保护
藏品区域	应配备空气进化过滤系统	
固定的保管和陈列装具	应采用环保材料	

藏品库房、展厅空气中烟雾灰尘和有害气体浓度限值

污染物	日平均浓度限值（mg/m³）	规范依据
二氧化硫	≤0.05	《博物馆建筑设计规范》JGJ 66—2015 第6.0.4条
二氧化氮	≤0.08	
一氧化氮	≤4.00	
臭氧	≤0.12（1h平均浓度限值）	
可吸入颗粒物	≤0.12	

藏品库房室内环境污染物浓度限值

污染物	日平均浓度限值（mg/m^3）	规范依据
甲醛	≤0.08	《博物馆建筑设计规范》JGJ 66—2015第6.0.5条
苯	≤0.09	
氨	≤0.2	
氡	≤200BQ/m^3	
总挥发性有机化合物	≤0.5	

20.1.4 建筑构件、构造

部　位	要　　求	规范依据
门窗	符合保温、密封、防生物入侵、防日光和紫外线辐射、防窥视的要求	《博物馆建筑设计规范》JGJ 66—2015第6.0.7条
库房区通风外窗	窗墙比不宜大于1∶20，且不应采用跨层或跨间的窗户	
室内装修	采用在使用中不产生挥发性气体或有害物质，在火灾事故中不产生烟尘和有害物质的材料	
操作平台、藏具、展具	应牢固，表面平整，构造紧密	
易碎易损藏品及展品	应采取防振、减振措施	

20.1.5 防盗

区域	技术要求	规范依据
藏品库区	不宜开设除门窗外的其他洞口，否则应采取防火、防盗措施	《建筑设计资料集》第三版第二册博物馆［16］藏品保护
藏品保存场所	外门、外窗、采光口、通风洞等应根据安全防护要求设置实体防护装置 建筑周围不应有可攀援入室的高大乔木、电杆、外落水管等物体	
珍品库	不宜设窗	
藏品库房总门、珍品库房和陈列室	应设置安全监控系统和防盗自动报警系统	
展柜	必须安装安全锁，并配备安全玻璃	
展柜的照明空间、设备空间、检修空间	与展示空间要有隔离措施，避免内部人员检修时对展品的保管安全造成威胁	

20.1.6 防潮和防水

区　域	技术要求	规范依据
屋面防水等级	Ⅰ级	《建筑设计资料集》第三版第二册博物馆［16］藏品保护
地下防水等级	Ⅰ级	
平屋面的屋面排水坡度	≥5%	
夏热冬冷和夏热冬暖地区的平屋面	宜设置架空隔热层	
珍品库、无地下室的首层库房、地下库房	必须采取防潮、防水和防结露措施	
库房区的楼地面	应比库房区外高出15mm	
藏品库房、展厅设置在地下室或半地下室	应设置可靠的地坪排水装置	
排水泵	应设置排水管单独排至室外，排水管不得产生倒灌现象	

注：库房区当采用水消防时，地面应有排水设施，确保库房地面不受水侵。

20.1.7　防生物危害

区　域	技术要求	规范依据
藏品保存场所	门下沿与楼地面之间的缝隙不得大于 5mm	《建筑设计资料集》第三版第二册 博物馆［16］藏品保护
藏品库房、陈列室	应在通风孔洞设置防鼠、防虫装置	
管道通过的墙面、楼面、地面等处	均应用不燃材料填塞密实	
建筑物的木质材料	应经消毒杀虫处理	
利用非文物的旧建筑改造的博物馆建筑	宜将其地基砖木结构改成石质结构和钢筋水泥材料	

20.2　光环境

20.2.1　基本要求

应满足条件	充分考虑减少照明对文物的损害	规范依据：《建筑设计资料集》第三版第二册 博物馆［14］光环境
	不应有直射阳光	
	采光口应有减少紫外辐射、调节和限制天然光照度值和减少曝光时间的构造措施	
	应有防止产生直接眩光、反射眩光、映像和光幕反射等现象的措施	
	展厅室内天棚、地面、墙面应选择无反光的饰面材料	

20.2.2 眩光控制

应选择有效控制眩光的照明方式及眩光抑制良好的灯具，最大限度地避免眩光对观展人的影响。

<table>
<tr><td rowspan="4">常用的控制灯具眩光的光学配件</td><td>防眩光套</td><td rowspan="4">规范依据：
《建筑设计资料集》
第三版第二册
博物馆［15］光环境</td></tr>
<tr><td>遮光扉页</td></tr>
<tr><td>蜂窝网</td></tr>
<tr><td>防眩光环</td></tr>
</table>

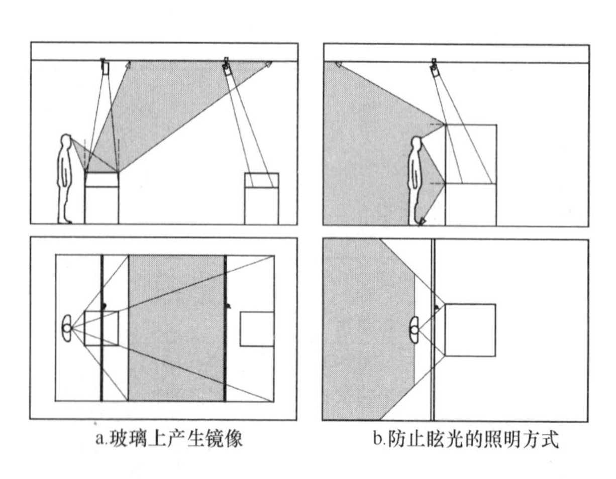

a.玻璃上产生镜像　　b.防止眩光的照明方式

注：阴影部分是在玻璃上产生镜像的区域。在此区域内，不应安装灯具；如确需安装，应通过调节灯具的投光角度或者减少灯具出光口亮度的方式来抑制眩光。

20.3 消防设计

20.3.1 耐火等级

博物馆建筑耐火等级

耐火等级	博物馆建筑类型	规范依据
二级	一般博物馆建筑	《博物馆建筑设计规范》JGJ 66—2015 第7.1.2条
一级	地下或半地下建筑和高层建筑	
	总建筑面积>10000m²的建筑	
	重要博物馆建筑	

20.3.2 防火分区

博物馆防火分区面积

功能区域	博物馆类型	防火分区设计要求	规范依据
陈列展览区	一般博物馆	单层、多层建筑应≤2500m²	《博物馆建筑设计规范》JGJ 66—2015 第7.2.3条 第7.2.8条
		高层建筑应≤1500m²	
		地下或半地下建筑应≤500m²	
		设自动灭火系统时，防火分区面积可以增加一倍	

续表

功能区域	博物馆类型	防火分区设计要求	规范依据
陈列展览区	一般博物馆	防火分区内一个厅、室的建筑面积应≤1000m²；展厅为单层或位于首层，且展厅内展品的火灾危险性为丁、戊类物品时，展厅面积可适当增加，但宜≤2000m²	《博物馆建筑设计规范》JGJ 66—2015第7.2.3条、第7.2.8条
	科技馆和技术博物馆（展品火灾危险性为丁、戊类物品）并设有自动灭火系统和火灾自动报警系统	设在高层建筑内时，应≤4000m²	
		设在单层建筑内或多层建筑的首层时，应≤10000m²	
		设在地下或半地下时，应≤2000m²	
		单个展厅的建筑面积宜≤2000m²	
藏品库区	藏品火灾危险性类别为丙类液体	设在单层或多层建筑的首层时，应≤1000m²	
		在多层建筑时应≤700m²	

续表

功能区域	博物馆类型	防火分区设计要求	规范依据
藏品库区	藏品火灾危险性类别为丙类固体	设在单层或多层建筑的首层时，应≤1500 m²	《博物馆建筑设计规范》JGJ 66—2015第7.2.3条、第7.2.8条
		多层建筑应≤1200m²	
		高层建筑应≤1000m²	
		地下或半地下建筑应≤500m²	
	藏品火灾危险性类别为丁类	设在单层或多层建筑的首层时，应≤3000m²	
		多层建筑应≤1500m²	
		高层建筑应≤1200m²	
		地下或半地下建筑应 1000m²	
	藏品火灾危险性类别为戊类	设在单层或多层建筑的首层时，应≤4000 m²	
		多层建筑应≤2000m²	
		高层建筑应≤1500m²	
		地下或半地下建筑应≤1000m²	

注：当藏品库区内全部设置自动灭火系统和火灾自动报警系统时，可按表内规定增加1倍。

20.3.3 安全疏散

陈列展览区每个防火分区的疏散人数应按区内全部展厅的高峰限制之和计算确定。展厅内观众的合理密度和高峰密度如下所示。

展厅观众合理密度 e_1 和展厅观众高峰密度 e_2

<table>
<tr><th>编号</th><th>展品特征</th><th>展览方式</th><th>展厅观众合理密度 e_1（人/m^2）</th><th>展厅观众高峰密度 e_2（人/m^2）</th><th>规范依据</th></tr>
<tr><td>Ⅰ</td><td rowspan="2">设置玻璃橱、柜保护的展品</td><td>沿墙布置</td><td>0.18～0.20</td><td>0.34</td><td rowspan="8">《建筑设计资料集》第三版第二册博物馆［6］陈列展览区</td></tr>
<tr><td>Ⅱ</td><td>沿墙、岛式混合布置</td><td>0.14～0.16</td><td>0.28</td></tr>
<tr><td>Ⅲ</td><td rowspan="2">设置安全警告线保护的展品</td><td>沿墙布置</td><td>0.15～0.17</td><td>0.25</td></tr>
<tr><td>Ⅳ</td><td>沿墙、岛式、隔板混合布置</td><td>0.14～0.16</td><td>0.23</td></tr>
<tr><td>Ⅴ</td><td rowspan="2">无须特殊保护或互动性的展品</td><td>展品沿墙布置</td><td>0.18～0.20</td><td>0.34</td></tr>
<tr><td>Ⅵ</td><td>展品沿墙、岛式、隔板混合布置</td><td>0.16～0.18</td><td>0.30</td></tr>
<tr><td>Ⅶ</td><td colspan="2">展品特征和展览方式不确定（临时展厅）</td><td>—</td><td>0.34</td></tr>
<tr><td>Ⅷ</td><td colspan="2">展品展示空间与陈列展览区的交通空间无间隔（综合大厅）</td><td>—</td><td>0.34</td></tr>
</table>

类　　别	技术要求	规范依据
展厅内任一点至最近疏散门或安全出口的直线距离	≤30m	《建筑设计防火规范》GB 50016—2014 第5.5.17条
当疏散门不能直通室外地面或疏散楼梯间时，应采用直通至最近的安全出口的疏散走道长度	≤10m	
位于两个安全出口之间的疏散门至最近安全出口的直线距离	≤30m	
位于袋形走道两侧或尽端的疏散门至最近安全出口的直线距离	≤15m	

注：设置自动喷水灭火系统时，室内任一点至最近安全出口的安全疏散距离可分别增加25%。

20.3.4　其他要求

类　别	技术要求	规范依据
藏品保存场所的安全疏散楼梯	应采用封闭楼梯间或防烟楼梯间	《建筑设计资料集》第三版第二册 博物馆［16］藏品保护
电梯	应设前室或防烟前室	
藏品库区电梯和安全疏散楼梯	不应设在库房区内	

续表

类　别	技术要求	规范依据
珍品库和一级纸（娟）质文物的展厅	应设置气体灭火系统	《建筑设计资料集》第三版第二册博物馆［16］藏品保护
藏品数在1万件以上的特大型、大型、中（一）型、中（二）型博物馆的藏品库房和藏品保护技术室、图书资料室	应设置气体灭火系统	
其他博物馆展厅、藏品库房、藏品技术保护室、图书资料室等	可设置细水雾灭火系统或自动喷水预作用灭火系统，此时对陈列有机质地藏品的陈列柜和收藏箱柜应采用不燃材料且密封严实	

21 图书馆建筑安全设计

21.1 文献资料防护

21.1.1 基本要求

表 21.1.1

技术内容	规范依据
应包括围护结构保温、隔热、温度和湿度要求、防水、防潮、防尘、防有害气体、防阳光直射和紫外线照射、防磁、防静电、防虫、防鼠、消毒和安全防范等	《图书馆建筑设计规范》JGJ 38—2015 第 5.1.1 条
各类书库的防护要求应根据图书馆的性质、规模、重要性及书库类型确定	《图书馆建筑设计规范》JGJ 38—2015 第 5.1.2 条

21.1.2 温湿度要求

图书馆基本书库与特藏书库、阅览室温湿度要求　表 21.1.2-1

用房或场所	温度变化（℃）	相对湿度变化（%）	规范依据
基本书库	5～30	30～65	《图书馆建筑设计规范》JGJ 38—2015 第 8.2.3 条

续表

用房或场所	温度变化（℃）	相对湿度变化（%）	规范依据
特藏书库	≤±2	≤±5	《图书馆建筑设计规范》JGJ 38—2015 第 8.2.4 条
特藏阅览室	≤±2	≤±10	

其他部分的温湿度控制应根据其不同的要求进行设计，详见表 21.1.2-2 和表 21.1.2-3。

图书馆集中采暖系统室内温度设计参数　　表 21.1.2-2

房间名称	室内温度（℃）	房间名称	室内温度（℃）	规范依据
少年儿童阅览室	20	会议室	18	《图书馆建筑设计规范》JGJ 38—2015 第 8.2.1-1 条
普通阅览室		报告厅（多功能厅）		
舆图阅览室		装裱、修整室		
缩微阅览室		复印室		
电子阅览室		门厅	16	
开架阅览室、开架书库		走廊		
视听室		楼梯间		
研究室		卫生间		
内部业务办公室		基本书库	14	
目录、出纳厅（室）		特藏书库		
读者休息室		陈列室		

图书馆空气调节系统室内设计参数 **表 21.1.2-3**

房间名称			感光层	干球温度（℃）		相对湿度（%）		风速（m/s）	
				冬	夏	冬	夏	冬	夏
特藏书库	珍善本书库			14～24		45～60		—	
	缩微胶卷胶片及照片	长期（100年以上）保存	银-明胶型 干银 微泡 重氮	≤21 ≤15 ≤10		20～30 20～40 20～50		—	
		中期（10年以上）保存		≤25		20～50		—	
		长期（100年以上）保存	彩色	≤2 ≤−3 ≤−10		20～30 20～40 20～50		—	
		中期（10年以上）保存	彩色	≤25		20～50		—	
	唱片、光盘库		—	15～20		25～45		—	

续表

房间名称	感光层	干球温度（℃）		相对湿度（%）		风速（m/s）	
		冬	夏	冬	夏	冬	夏
少年儿童阅览室	—	18～20	25～27	30～60	40～65	<0.2	<0.3
普通阅览室	—	18～20	25～27	30～60	40～65	<0.2	<0.3
缩微阅览室	—	18～20	25～27	30～60	40～65	<0.2	<0.3
电子阅览室	—	18～20	25～27	30～60	40～65	<0.2	<0.3
开架阅览室、开架书库	—	18～20	25～27	30～60	40～65	<0.2	<0.3
基本书库	—	≥14	≤28	30～60	40～65	<0.2	<0.3
视听室	—	18～20	25～27	30～60	40～65	<0.2	<0.3
报告厅	—	18～20	25～27	30～60	40～65	<0.2	<0.3

续表

房间名称	感光层	干球温度（℃）		相对湿度（%）		风速（m/s）	
		冬	夏	冬	夏	冬	夏
会议室	—	18～20	25～27	30～60	40～65	<0.2	<0.3
目录、出纳厅（室）	—	18～20	25～27	30～60	40～65	<0.2	<0.3
研究室	—	18～20	25～27	30～60	40～65	<0.2	<0.3
内部业务办公室	—	18～20	25～27	30～60	40～65	<0.2	<0.3
装裱、修整室	—	18～20	25～27	30～60	40～65	<0.2	<0.3
美工室	—	18～20	25～27	30～60	40～65	<0.2	<0.3
公共活动空间	—	18～20	25～27	30～60	40～65	<0.2	<0.3

规范依据：《图书馆建筑设计规范》JGJ 38—2015 第8.2.1-2条

21.1.3 防水和防潮

图书馆防水与防潮措施　　表 21.1.3

<table>
<tr><th colspan="2">用房或场所</th><th>防水与防潮措施</th><th>规范依据</th></tr>
<tr><td rowspan="4">书库</td><td>室外场地</td><td>排水通畅，防止积水倒灌</td><td rowspan="5">《图书馆建筑设计规范》JGJ 38—2015 第 5.3 条</td></tr>
<tr><td>室内</td><td>防止地面、墙身返潮，不得出现结露现象</td></tr>
<tr><td>底层地面基层</td><td>采用架空地面或其他防潮设施</td></tr>
<tr><td>设于地下室时</td><td>不应跨越变形缝，防水等级应为一级</td></tr>
<tr><td>屋面</td><td colspan="2">雨水宜采用有组织外排法，不得在屋面上直接放置水箱等蓄水设施。当采用内排水时，雨水管道应采取防渗漏措施</td></tr>
</table>

21.1.4 防尘和防污染

图书馆防尘和防污染措施　　表 21.1.4

<table>
<tr><th colspan="2">用房或场所</th><th>防尘和防污染措施</th><th>规范依据</th></tr>
<tr><td colspan="2">图书馆室外环境绿化</td><td>宜选择具有净化空气能力的树种</td><td rowspan="4">《图书馆建筑设计规范》JGJ 38—2015 第 5.4 条</td></tr>
<tr><td rowspan="3">书库</td><td>楼、地面</td><td>应坚实耐磨</td></tr>
<tr><td>墙面、顶棚</td><td>应表面平整、不易积灰</td></tr>
<tr><td>外门窗</td><td>应有防尘的密闭措施</td></tr>
</table>

续表

用房或场所	防尘和防污染措施	规范依据
特藏书库	应设固定窗，必要时可设少量开启窗扇	《图书馆建筑设计规范》JGJ 38—2015 第5.4条
锅炉房、除尘室、洗印暗室等用房	应设在对图书馆污染影响较少部位，并应设通风设施	

21.1.5　防日光直射和紫外线照射

图书馆防日光直射和紫外线照射措施　　表 21.1.5

用房或场所	防日光直射和紫外线照射措施	规范依据
书库及阅览室	采用天然采光的，应采取遮阳措施，防止阳光直射	《图书馆建筑设计规范》JGJ 38—2015 第5.5条
	应采取消除或减轻紫外线对文献资料危害的措施	
珍善本书库及其阅览室	人工照明应采取防止紫外线的措施	

21.1.6 防磁和防静电

图书馆防磁和防静电措施　　表 21.1.6

用房或场所	防磁和防静电	规范依据
计算机房和数字资源储存区域	应远离产生强磁干扰的设备，并应符合现行国家标准《电子信息系统机房设计规范》GB 50174 的规定	《图书馆建筑设计规范》JGJ 38—2015 第 5.6 条
	楼、地面应采用防静电的饰面材料	

21.1.7 防虫和防鼠

图书馆防虫和防鼠措施　　表 21.1.7

用房或场所	防虫和防鼠措施	规范依据
图书馆的绿化	应选择不滋生、引诱害虫的植物	《图书馆建筑设计规范》JGJ 38—2015 第 5.7 条
书库外窗的开启扇	应采取防蚊蝇的措	
食堂、快餐室、食品小卖部等	应远离书库布置	
鼠患地区	宜采用金属门，门下沿与楼地面之间的缝隙应≤5mm；墙身通风口应用金属网封罩	
白蚁危害地区	应对木质构件及木制品等采取白蚁防治措施	

21.1.8 安全防范

图书馆安全防范措施　　表 21.1.8

用房或场所	安全防范措施	规范依据
主要出入口、特藏书库、开架阅览室、系统网络机房等； 位于底层及有入侵可能部位的外门窗	应设安全防范装置	《图书馆建筑设计规范》JGJ 38—2015 第5.8条；《安全防范工程技术规范》GB 50348
各通道出入口	宜设置出入口控制系统，并应按开放时间、区域使用功能等需求设置安全防范系统	
陈列和贮藏珍贵文献资料的房间	应能单独锁闭，并应设置入侵报警系统	

21.2 消防设计

21.2.1 耐火等级

图书馆建筑耐火等级　　表 21.2.1

耐火等级	图书馆建筑类型	规范依据
一级	藏书量超过100万册的高层图书馆、书库	《图书馆建筑设计规范》JGJ 38—2015 第6.1条；《建筑设计防火规范》GB 50016
	特藏书库	
不低于二级	除藏书量超过100万册的高层图书馆、书库之外的图书馆、书库	

21.2.2 防火分区

图书馆防火分区的相关规定　　表 21.2.2

<table>
<tr><th colspan="2">用房或场所</th><th colspan="2">最大允许建筑面积</th></tr>
<tr><td>基本书库</td><td rowspan="3">采用防火墙和甲级防火门与其毗邻的其他部位分隔</td><td rowspan="4">单层建筑
建筑高度 $h \leqslant 24$m 的多层建筑
建筑高度 $h > 24$m
地下室或半地下室</td><td rowspan="4">≤1500m^2
≤1200m^2
≤1000m^2
≤300m^2</td></tr>
<tr><td>特藏书库</td></tr>
<tr><td>密集书库</td></tr>
<tr><td>开架书库</td><td>—</td></tr>
<tr><td colspan="2">当防火分区设有自动灭火系统
当局部设置自动灭火系统</td><td colspan="2">可按本规范规定增加 1.0 倍
增加面积可按该局部面积的 1.0 倍计算</td></tr>
<tr><td colspan="2">阅览室及藏阅合一的开架阅览室</td><td colspan="2">应按阅览室功能划分其防火分区</td></tr>
<tr><td colspan="2">采用积层书架的书库</td><td colspan="2">防火分区面积应按书架层的面积合并计算</td></tr>
<tr><td colspan="4">规范依据：《图书馆建筑设计规范》JGJ 38—2015 第 6.2 条</td></tr>
</table>

21.2.3 消防设施

图书馆消防设施设置　　表 21.2.3

<table>
<tr><th>用房或场所</th><th>消防设施</th><th>规范依据</th></tr>
<tr><td>藏书量≥100 万册</td><td rowspan="3">设火灾自动报警系统</td><td rowspan="3">《图书馆建筑设计规范》JGJ 38—2015 第 6.3 条</td></tr>
<tr><td>建筑高度≥24m 的书库</td></tr>
<tr><td>非书资料库</td></tr>
</table>

续表

用房或场所	消防设施	规范依据
珍善本书库	设火灾自动报警系统和气体等灭火系统	《图书馆建筑设计规范》JGJ 38—2015 第6.3条
特藏库	设气体等灭火系统	
电子计算机房	宜设气体等灭火系统	
贵重设备用房（不宜用水扑救）		

21.2.4 安全疏散

图书馆安全出口的相关规定　　表21.2.4-1

用房或场所	安全出口	规范依据
图书馆每层	不应少于两个，并应分散布置	《图书馆建筑设计规范》JGJ 38—2015 第6.4.1条、第6.4.2条
书库每个防火分区	不应少于两个，但符合下列条件之一时，可设一个安全出口： 1. 占地面积不超过300m^{2}的多层书库； 2. 建筑面积不超过100m^{2}的地下、半地下书库。	

图书馆疏散设施的相关规定　表 21.2.4-2

用房或场所	疏散设施的设计要求	规范依据
建筑面积不超过 100m² 的特藏书库	可设一个疏散门，并应为甲级防火门	《图书馆建筑设计规范》JGJ 38—2015 第 6.4.3 条、第 6.4.4 条、第 6.4.5 条、第 6.4.6 条
当公共阅览室只设一个疏散门时	疏散门净宽度应≥1.20m	
书库的疏散楼梯	宜设置在书库门附近	
图书馆需要控制人员随意出人的疏散门	可设置门禁系统，但在发生紧急情况时，应有易于从内部开启的装置，并应在显著位置设置标识和使用提示	

21.3　室内环境

21.3.1　室内光环境

1. 图书馆建筑应充分利用自然条件，采用天然采光和自然通风。

2. 图书馆各类用房或场所的天然采光标准值不应小于表 21.3.1 规定。

图书馆各类用房或场所的天然采光标准值　　表 21.3.1

用房或场所	采光等级	侧面采光			顶部采光		
		采光系数标准值（%）	天然光照度标准值（lx）	窗地面积比（A_c/A_d）	采光系数标准值（%）	天然光照度标准值（lx）	窗地面积比（A_c/A_d）
阅览室、开架书库、行政办公、会议室、业务用房、咨询服务、研究室	Ⅲ	3	450	1/5	2	300	1/10
检索空间、陈列厅、特种阅览室、报告厅	Ⅳ	2	300	1/6	1	150	1/13
基本书库、走廊、楼梯间、卫生间	Ⅴ	1	150	1/10	0.5	75	1/23

规范依据：《图书馆建筑设计规范》JGJ 38—2015 第 7.2 条

21.3.2　室内声环境

1. 图书馆各类用房或场所的噪声级分区及允许噪声级应符合表 21.3.2 的规定。

图书馆各类用房或场所的噪声级分区及允许噪声级　　表 21.3.2

噪声级分区	用房或场所	允许噪声级（A 声级，dB）
静区	研究室、缩微阅览室、珍善本阅览室、舆图阅览室、普通阅览室、报刊阅览室	40
较静区	少年儿童阅览室、电子阅览室、视听室、办公室	45
闹区	陈列室、读者休息区、目录室、咨询服务、门厅、卫生间、走廊及其他公共活动区	50

2. 电梯井道及产生噪声和振动的设备用房不宜与有安静需求的场所毗邻，否则应采取隔声、减振措施。水泵等供水设备应采取减振、降噪措施。（规范依据：《图书馆建筑设计规范》JGJ 38—201 第 7.3 条）

22 体育场馆建筑安全设计

22.1 体育场馆建筑公共安全的基本内容

体育场馆建筑公共安全的基本内容　　　表 22.1

类别	技术要求
选址	1. 应远离危险源。与污染源、高压输电线路及油库、化学品仓库、油气管线等易燃易爆品场所之间的距离应符合有关规定；应防止洪涝、滑坡等自然灾害的严重后果，并注意体育设施使用时对周围环境的影响 2. 应交通方便。根据体育场馆规模大小，至少应有一面或两面临接城市道路。道路应有足够的通行宽度，宜保证疏散和交通
建筑物设计	1. 应考虑体育运动的特点（如足球）和观众情绪激动带来的危险（如共振引起的破坏）；考虑体育场馆的使用特点提高其安全度；考虑建筑物防雷和用电的具体要求；考虑建筑装修材料对安全的影响 2. 应采取必要的措施，如适当的分区隔离设施，宜保障观众、运动员、裁判员、工作人员的人身安全，一级内部设施设备的安全。临时增加设施（包括看台、疏散等）的安全要求，对和观众直接接触的建筑构件（如栏杆）应经过结构验算，保证观众的安全

续表

类别	技术要求
运动场地	应符合《体育建筑设计规范》JGJ 31有关体育场地标准的要求。如根据不同的运动项目，对场地使用的材料（阻燃、有毒有害物质剂量、放射性物质剂量等）、设施（牢固度、结构）、设备应按相关标准提出相应的技术要求
工作地点（用房）	应符合《体育建筑设计规范》JGJ 31有关条款的要求。如对用房的面积、位置、供电接口及通信接口的位置、数量、规格等应根据使用目的提出具体要求
公共安全防护系统基本构成	主要由建筑物安全系统、消防、安防、疏散、通信和信息传输防护，以及与安全有关的其他系统、安全管理/应急指挥中心等构成

22.2 体育场馆建筑结构设计使用年限和建筑物耐火等级

22.2.1 体育场馆建筑等级应根据其使用要求分级，不同等级的体育场馆的建筑结构设计使用年限和耐火等级应符合表22.2.1规定。

体育场馆建筑结构设计使用年限和建筑物耐火等级　　表 22.2.1

等级	主要使用要求	主体结构设计使用年限	耐火等级
特级	举办亚运会、奥运会及世界级比赛主场	>100 年	不低于一级
甲级	举办全国性和国际单项比赛	50～100 年	不低于二级
乙级	举办地区性和全国单项比赛	50～100 年	不低于二级
丙级	举办地方性、群众性运动会	25～50 年	不低于二级

22.2.2 建筑物的耐火等级分为四级，其构件的燃烧性能和耐火极限不应低于《建筑设计防火规范》GB 50016—2014 表 5.1.2 的规定。

22.3 体育场馆建筑消防设计

22.3.1 总平面设计要求

体育场馆建筑总平面设计要求　　表 22.3.1

类 别	指标要求	设计要求
出入口	≥2 个 有效宽度≥0.15m/100 人	以不同方向通向城市道路，车行出入口避免直接开向城市主干路，并尽量与观众出入口设在不同临街面

续表

类别	指标要求	设计要求
道路	净宽度≥3.5m 且总宽度≥0.15m/100人	避免集中人流与机动车流相互干扰
集散场地	≥0.2m^2/100人	靠近观众出口，可利用道路、空地、屋顶、平台等
消防车道	净宽度和净空高度均应≥4m 坡度不宜>8%	超过3000座的体育馆，应设置环形消防车道。当消防车确实不能按规定靠近建筑物时，应采取下列措施之一满足对火灾扑救的需要： 1. 消防车在平台下部空间靠近建筑主体； 2. 消防车直接开入建筑内部； 3. 消防车到达平台上部以接近建筑主体； 4. 平台上部设消火栓

22.3.2 体育场馆建筑的防火设计

体育场馆建筑防火设计一般规定

表 22.3.2

类别	技术要求
建筑分类	1. 无其他附加功能（或附加功能部分的高度不超过 24m）的单层大空间体育建筑，当单层大空间的高度>24m 时，按多层建筑进行防火设计 2. 有其他附加功能的单层大空间体育建筑，当附加功能部分的高度超过 24m 时，应按高层建筑进行防火设计
防火分区	应结合建筑布局、功能分区和使用要求加以划分；在进行充分论证，综合提高建筑消防安全水平的前提下，对于体育馆的观众厅，其防火分区的最大允许建筑面积可适当增加；并应报当地公安消防部门认定
安全出口	观众厅、比赛厅或训练厅的安全出口应设置乙级防火门 位于地下室的训练用房应按规定设置足够的安全出口
重要设备用房	比赛和训练建筑的照明控制室、声控室、配电室、发电机房、空调机房、重要库房、控制中心等部位，应采用耐火墙体、耐火楼板、耐火孔洞、耐火门窗和（或）设自动水喷淋、自动气体灭火系统作为防火保护措施
比赛、训练大厅	设有直接对外开口时，应满足自然排烟的条件 没有直接对外开口的或无外窗的地下训练室、贵宾室、裁判员室、重要库房、设备用房等应设机械排烟系统

续表

类别	技术要求
看台结构耐火	室内、室外观众看台的耐火等级，应与表22.2.1规定的建筑等级和耐久年限一致 室外观众看台上面的罩棚结构的金属构件可无防火保护，其屋面板可采用经阻燃处理的燃烧体材料
内部装修材料	1. 用于比赛、训练部位的室内墙面装修和顶棚(包括吸声、隔热和保温处理)，应采用不燃烧体材料；当此场所内设有火灾自动灭火系统和火灾自动报警系统时，可采用难燃烧体材料 2. 看台座椅的阻燃性应满足《体育场馆公共座椅》QB/T 2601的相关要求 3. 地面可采用不低于难燃等级的材料
屋盖承重钢结构的防火保护	比赛或训练部位的屋盖承重钢结构在下列情况中的一种时，可不做防火保护： 1. 比赛或训练部位的墙面（含装修）用不燃烧体材料； 2. 比赛或训练部位设有耐火极限≥0.5h的不燃烧体材料的吊顶； 3. 游泳馆的比赛或训练部位
马道	比赛、训练大厅的顶棚内可根据顶棚结构、检修要求、顶棚高度等因素设置马道，其宽度不应<0.65m，马道应采用不燃材料，其垂直交通可采用钢质梯

22.3.3 体育场馆建筑的安全疏散与交通设计

体育场馆建筑安全疏散与交通设计的技术要求

表 22.3.3-1

<table>
<tr><th>类 别</th><th colspan="2">技术要求</th></tr>
<tr><td>交通路线</td><td colspan="2">应合理组织并均匀布置安全出口、内部和外部的通道，使分区明确，路线、短捷合理</td></tr>
<tr><td rowspan="4">人员密集场所安全出口和走道的设置</td><td>安全出口</td><td>应均匀布置，独立的看台至少应有 2 个安全出口，且体育馆每个安全出口的平均疏散人数不宜超过 400～700 人，体育场每个安全出口的平均疏散人数不宜超过 1000～2000 人</td></tr>
<tr><td>观众席走道</td><td>走道的布局应与观众席各分区容量相适应，与安全出口联系顺畅。通向安全出口的纵走道设计总宽度应与安全出口的设计总宽度相等。经过纵走道通向安全出口的设计人流股数应与安全出口的设计通行人流股数相等。
观众看台的疏散设计要求详见表 22.3.4-1</td></tr>
<tr><td>安全出口和走道的有效总宽度</td><td>应通过计算确定，体育馆每 100 人所需最小疏散净宽度指标详见表 22.3.3-2</td></tr>
<tr><td>每个安全出口的宽度</td><td>应为人流股数的整数倍，4 股和 4 股以下人流时每股宽按 0.55m 计，大于 4 股人流时每股宽按 0.5m 计</td></tr>
</table>

续表

类　别	技术要求
疏散内门及疏散外门	1. 疏散门的净宽度不应<1.4m，并应向疏散方向开启 2. 疏散门不得做门槛，在紧靠门口1.4m范围内不应设置踏步 3. 疏散门应采用推闩外开门，不应采用推拉门，转门不得计入疏散门的总宽度
观众厅外的疏散走道	1. 室内坡道坡度不应>1∶8，室外坡道坡度不应>1∶10，并应有防滑措施。为残疾人设置的坡道，应符合现行国家标准《无障碍设计规范》GB 50763的规定 2. 穿越休息厅或前厅时，厅内陈设物的布置不应影响疏散的通畅 3. 当疏散走道有高差变化时宜做坡道；当设置台阶时应有明显标志和采光照明；疏散通道上的大台阶应设便于人员分流的护栏 4. 疏散走道宜有天然采光和自然通风（设有排烟和事故照明者除外）
疏散楼梯	1. 踏步深度不应<0.28m，踏步高度不应>0.16m，楼梯最小宽度不得<1.2m，转折楼梯平台深度不应小于楼梯宽度，直跑楼梯的中间平台深度不应<1.2m 2. 不得采用螺旋楼梯和扇形踏步；当踏步上下两级形成的平面角度不超过10°，且每级离扶手0.25m处的踏步宽度>0.22m时，可不受此限

体育馆每 100 人所需最小疏散净宽度（m/百人）

表 22.3.3-2

观众厅座位数范围（座）			3000～5000	5001～10000	10001～20000
疏散部位	门和走道	平坡地面	0.43	0.37	0.32
		阶梯地面	0.50	0.43	0.37
	楼梯		0.50	0.43	0.37

注：本表中对应较大座位数范围按规定计算的疏散总净宽度，不应小于对应相邻座位数范围按其最多座位数计算的疏散总净宽度。对于观众厅座位数少于 3000 个的体育馆，计算供观众疏散的所有内门、外门、楼梯和走道的各自总净宽度时，每 100 人的最小疏散净宽度不应小于《建筑设计防火规范》GB 50016—2014 中表 5.5.20-1 的规定。

22.3.4 观众看台疏散设计

观众看台疏散设计要求　表 22.3.4-1

类　别	技　术　要　求	
疏散时间	根据观众厅的规模、耐火等级确定；通常体育场的疏散时间为 6～8min，体育馆为 3～4min。 控制安全疏散时间参考值见表 22.3.4-2	
观众厅内疏散通道	净宽度	应按 0.6m/100 人计算，且不应＜1.0m；边走道净宽宜≥0.8m。座席间的纵向通道应≥1100

续表

类别	技术要求	
观众厅内疏散通道	横走道之间的座位排数	不宜超过 20 排
	纵走道之间的连续座位数	体育馆每排不宜超过 26 个（排距≥0.9m 时可增加一倍，但不得超过 50 个）；仅一侧有纵走道时，座位数应减少一半 体育场每排连续座位不宜超过 40 个
疏散方式	疏散方式分类：上行式疏散、中间式疏散、下行式疏散、复合式疏散 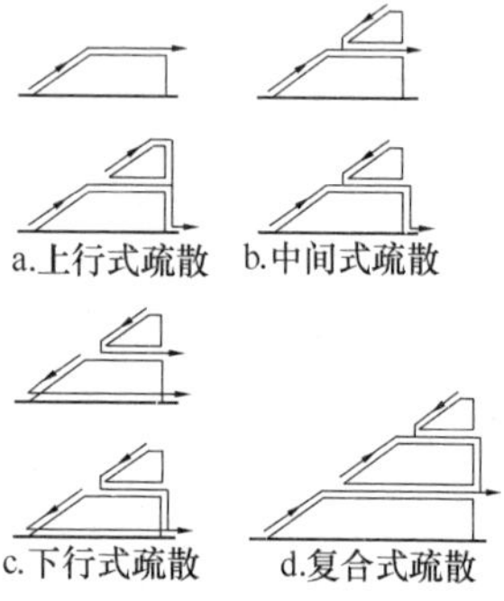 a.上行式疏散 b.中间式疏散 c.下行式疏散 d.复合式疏散	

续表

<table>
<tr><th>类别</th><th>技术要求</th></tr>
<tr><td>疏散方式</td><td>疏散口及过道的几种布置方式示意 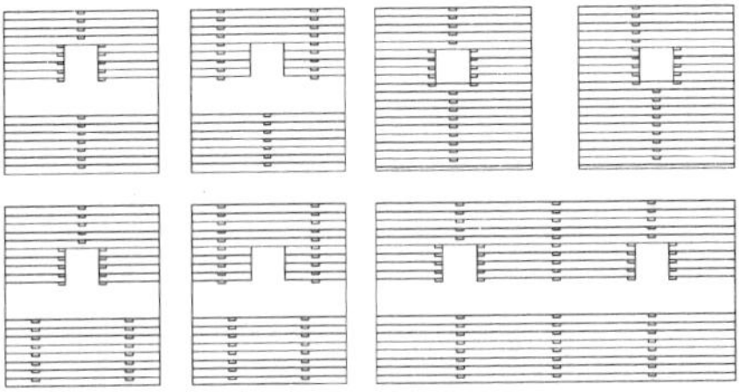</td></tr>
<tr><td>控制疏散时间的计算方法</td><td>1. 性能化消防论证（大型复杂场馆）
2. 密度法（无靠背坐凳或直接坐在看台上）
3. 人流股数法（适用于有靠背椅，人流疏散有规律时）。计算公式如下：
$T=\frac{N}{BA}$ —— 适用于中小型体育场馆
$T=\frac{N}{BA}+\frac{S}{V}$ —— 适用于大型体育场馆
式中：T——控制疏散时间
N——疏散的总人数
A——单股人流通行能力（40～42人/min）
B——外门可以通过的人流股数
V——为疏散时在人流不饱满情况下人的行走速度（45m/min）
S——使外门的人流量达到饱和时的几个内门至外门距离的加权平均数
$S=\frac{S_1b_1+S_2b_2+\cdots S_nb_n}{b_1+b_2+\cdots b_n}$
式中：S_n——为各第一道疏散口到外门的距离
b_n——为各第一道疏散口可通行的人数</td></tr>
</table>

控制安全疏散时间参考表 表 22.3.4-2

观众规模 控制时间	≤1200	1201～2000	2001～5000	5001～10000	10001～50000	50001～100000
室内（min）	4	5	6	6	—	—
室外（min）	4	5	6	7	10	12

22.4 体育场馆建筑各类设施

22.4.1 一般规定

体育场馆建筑各类设施安全设计的一般规定 表 22.4.1

类别	技术要求
基本原则	应考虑维护管理的方便和经济性，使用中发生紧急情况和意外事件时应有安全、可靠的对策
运动场地界限外围	必须按照规则满足缓冲距离、通行宽度及安全防护等要求。裁判和记者工作区域要求、运动场地上空净高尺寸应满足比赛和练习的要求

续表

类型	技术要求
运动场地对外出入口	不应少于两处，其大小应满足人员出入方便、疏散安全和器材运输的要求
场地与周围区域的分隔	1. 比赛场地与观众看台之间应有分隔和防护，保证运动员和观众的安全，避免观众对比赛场地的干扰 2. 室外练习场外围及场地之间，应设置围网，以方便使用和管理
观众看台栏杆	1. 栏杆高度不应<0.9m，在室外看台后部危险性较大处严禁<1.1m 2. 栏杆形式不应遮挡观众视线并保障观众安全。当设楼座时，栏杆下部实心部分不得<0.4m 3. 横向过道两侧至少一侧应设栏杆 4. 当看台坡度较大、前后排高差>0.5m时，其纵向过道上应加设栏杆扶手；采用无靠背座椅时不宜>10排，超过时必须增设横向过道或横向栏杆 5. 栏杆的构造做法应经过结构计算，以确保使用安全
为运动员服务的医务急救室	应接近比赛场地或运动员出入口，门外应有急救车停放处

22.4.2 体育场、体育馆、游泳设施相关设施的安全设计要求

体育场、体育馆、游泳设施相关设施的安全设计要求　　表 22.4.2

<table>
<tr><th>类型</th><th colspan="2">技术要求</th></tr>
<tr><td rowspan="2">体育场</td><td>比赛场地与观众看台之间</td><td>1. 应采取有效的隔离措施
2. 正式比赛场地外围应设置围栏或供记者和工作人员使用的环形交通道或交通沟，其宽度不宜<2.5m，并用≥0.9m 的栏杆与比赛场地隔离
3. 交通道（沟）与观众席之间也应采取有效的隔离措施，但不应阻挡观众视线。沟内应有良好的排水措施</td></tr>
<tr><td>室内田径练习馆</td><td>1. 室内墙面要平整光滑，距地面至少 2m 高度内不应有突出墙面的物件或设施，以保证运动员安全
2. 在直道终点后缓冲段的尽端应有缓冲挂垫墙，应能承受运动员冲撞力
3. 地板电气插孔，临时安装用挂钩或插孔等，应有盖子与地面平
4. 从弯道过渡区到下一个直道开始前的弯道外缘应提供一个保护性的跑道
5. 如果跑道内缘的垂直下降>0.10m，应实施保护性措施</td></tr>
</table>

续表

类别	技术要求	
体育馆	比赛场地	比赛场地周围应根据比赛项目的不同要求满足高度、材料、色彩、悬挂护网等方面的要求，当场地周围有玻璃门窗时，应考虑防护措施
	训练房场地	场地四周墙体及门、窗玻璃、散热片、灯具等应有一定的防护措施，墙体应平整、结实，2m以下应能承受身体的碰撞，并无任何突出的障碍物，墙体转角处应无棱角或呈弧形
游泳设施	原则	游泳设施各水池的设计应安全、可靠，不得产生下沉、漏水、开裂等现象
	比赛池	1. 池壁及池岸应防滑，池岸、池身的阴阳交角均应按弧形处理 2. 出发台应坚固而没有弹性，台面防滑 3. 池身两侧应设置嵌入池身不少于四个的攀梯，攀梯不得突出池壁，池壁水面下1.2m处宜设通长歇脚台，宽0.10～0.15m
	跳水池及跳水设施	1. 当跳水池与游泳比赛池合在一起并为群众使用时，在水深变换处应设分隔栏杆，保证安全 2. 除1m跳台外，各种跳台的后面及两侧，必须用栏杆围住；栏杆最低高度应为1m，栏杆之间最小距离应为1.8m，栏杆距跳台前端应为0.8m，并安装在跳台外面；应有楼梯到达各层跳台，通向10m跳台的楼梯

续别

类别		技术要求
游泳设施	跳水池及跳水设施	应设若干休息平台。跳台结构应有足够的刚度和稳定性能 3. 跳板与跳台上空的无障碍空间、与池壁间距离，下部水深、跳水设施间的距离等均应符合有关竞赛规则和国际泳联提出的要求 4. 跳水设施布置的方向应避免自然光或人工光源对运动员造成眩光，室外跳水池的跳板和跳台宜朝北设置 5. 跳水池池底不应做活动底板，以保证安全；池底应平滑，宜采用深蓝色面层
	池岸	1. 池岸宽度应满足规范要求 2. 池岸材料应防滑并易于清洗，有一定排水坡度 3. 游泳设施设有的广播设备及电源插座，应有必要的防水、防潮措施 4. 在池岸和水池交接处应有清晰易见的水深标志
	水下观察窗	1. 专业训练和正式比赛的游泳池和跳水池的池壁宜设水下观察窗或观察廊，其位置和尺寸根据要求确定 2. 观察窗和观察廊的构造做法和选用材料应性能良好，安全可靠，与游泳池和跳水池联系方便，其外部廊道应为封闭的防水结构，并应设紧急泄水设施和人员安全疏散口

续表

类别	技术要求	
游泳设施	辅助用房与设施	1. 当采用液氯等化学药物进行水处理时应有独立的加氯室及化学药品储存间，并防火、防爆，有良好通风 2. 应设控制中心，其位置应设于跳水池处的跳水设施一侧，在游泳池处应设于距终点3.5m处，地面高出池岸0.5～1.0m，并能不受阻碍地观察到比赛场区 3. 观众区与游泳跳水区及池岸间应有良好的隔离设施，观众的交通路线不应与运动员、裁判员及工作人员的活动区域交叉，供观众使用的设施不应与运动员合并使用。观众区的污水、污物不得进入池内

注：本表依据《体育建筑设计规范》JGJ 31—2003编制。

23 剧院与多厅影院建筑安全设计

23.1 剧院安全设计

23.1.1 类型、规模、等级

按演出类型划分：歌（舞）剧院；戏（话）剧院；音乐厅；多功能厅

按舞台类型划分：镜框式台口舞台；突出式舞台；岛式舞台

按经营性质划分：专业剧场、综合剧场

按规模进行划分如表23.1.1-1。

剧院规模分类表　　表23.1.1-1

规模分类	特大型	大型	中型	小型
观众容量（人）	＞1600	1201～1600	801～1200	300～800
适用剧种	歌（舞）剧院（宜控制在1800以内）		戏（话）剧院	

按剧场建筑观演技术要求等级划分如表23.1.1-2。

剧院等级分类表　　23.1.1-2

	特	甲	乙
主体结构耐久年限	—	＞100年	51～100年
耐火等级	一级	不得低于二级	

23.1.2 总平面设计

剧场基地应至少有一面临接城市道路，或直接通向城市道路的空地。临接的城市道路可通行宽度不应小于剧场安全出口宽度的总和。基地沿城市道路的长度应按建筑规模或疏散人数确定，并不小于基地周长的1/6。基地应至少有两个不同方向通向城市道路的出口。基地主要出入口不应与快速道路直接连接，也不应面对城市主要干道的交叉口。

剧场主要入口前的空地按不$<0.20m^2$/座留出集散空地；绿化和停车场位置不应影响集散地的使用，并不应设置障碍物。剧场总平面道路设计应满足消防车及货车的通行要求。剧场建设基地内的设备用房不应对观众厅、舞台及周围环境产生噪声或震动干扰。

23.1.3 前厅及休息厅

各等级剧场前厅、休息厅面积指标详见本小节附表。

23.1.4 观众厅及舞台

一、观众厅座椅设计

1. 各等级剧院的每座面积详见本小节附表（注：大台唇舞台、伸出式舞台、岛式舞台不计入舞台面积）。

2. 剧场均应设置有靠背的固定座椅，小包厢座位不超过12个时可设活动座椅。

座椅宽度设计要求见下表：

扶手至扶手中线距离	硬质座椅	软质座椅	VIP（宜用双扶手座椅）
座椅扶手中距	0.5m	0.55m	0.6m

3. 座椅排列方式及对应的座位、走道设计要求

		短排法	长排法	备注
		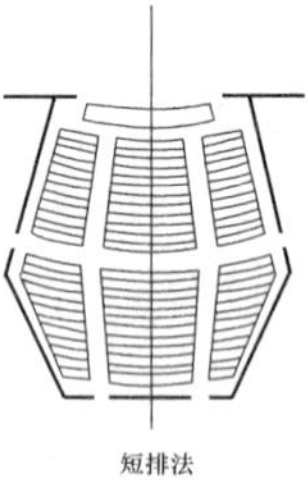 短排法	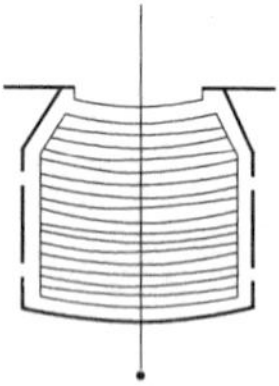 长排法	
每排座椅排列数目（个）	座椅双边走道	22	50	
	座椅单边走道	11	25	
排距（m）	硬质座椅	0.8	1.0	短排法在每排超过限额时，每增加一座位，排距增大25mm
	软质座椅	0.9	1.1	
	VIP	1.05		

续表

椅背到后面一排最突出部分的水平距离（m）		0.3	0.5	
*走道宽度（m）	边走道	0.80	1.20	
	纵走道	1.00		
	*横走道	1.00		

注：1. 台阶式地面排距应适当增大；
　　2. 短排法：椅背到后面一排最突出部分的水平距离不应小于 0.30m；
　　3. 排距：靠后墙设置座位时，楼座及池座最后一排座位排距应至少增大 0.12m。
　　* 走道宽度：应按人数计算，最小宽度不得小于表中数值。
　　* 横走道：宽度是除排距尺寸以外的通行净宽度。

4. 观众席应预留残疾人轮椅座席，座席深应为 1.10m，宽为 0.80m，位置应方便残疾人入席及疏散，并应设置国际通用标志。应设置在出入口附近。

5. 观众厅纵走道坡度＞1∶10 时应做防滑处理，铺设的地毯等应为 B1 级材料，并有可靠的固定方式。坡度＞1∶8 时应做成高度≤0.20m 的台阶。

6. 座席地坪高于前排 0.50m 时及座席侧面紧临有高差之纵走道或梯步时应在高处设栏杆，栏杆应坚固，高度不应小于 1.05m，不应遮挡视线。

7. 楼座前排栏杆和楼层包厢栏杆高度不应遮挡视线，不应>0.85m，并应采取措施保证人身安全，下部实心部分不得<0.45m。

二、舞台设计

1. 天桥、栅顶、假台口、吊杆、幕

1）天桥

a. 沿舞台两侧及后墙布置，两层天桥之间的高度不应大于 5m，工作爬梯不应采用垂直钢爬梯。

b. 侧天桥宽度 1.2m。

c. 后天桥为联系两侧天桥使用，宽度 0.6～0.8m。

d. 天桥应为不燃材料，下部翻起 0.1m 踢脚，防坠物。

e. 舞台面至第一层天桥有配重块升降的部位应设护网，护网构件不得影响配重块升降，护网应设检修门。

2）栅顶

a. 应使用不燃材料，如轻钢。工作层高度≥1.8m。

b. 栅顶构造要便于检修舞台悬吊设备，栅顶的缝隙除满足悬吊钢丝绳通行外，不应>30mm，方格形格栅缝隙不宜>50mm。

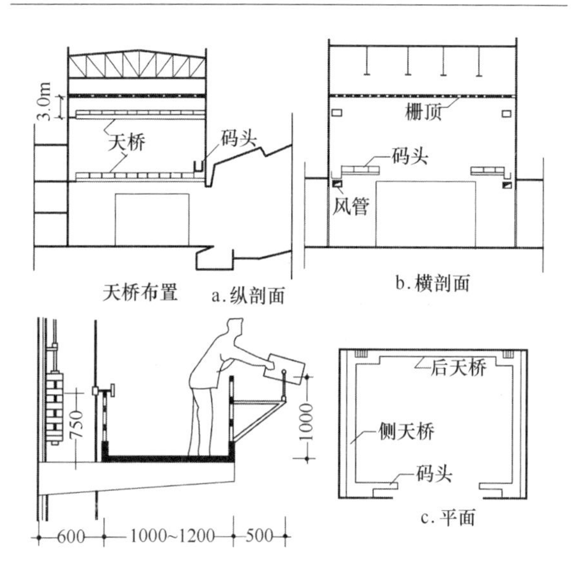

c. 由主台台面去栅顶的爬梯如>2.00m，不得采用垂直铁爬梯。

d. 甲、乙等剧场上栅顶的楼梯不得少于2个，有条件的宜设工作电梯，电梯可由台仓通往各层天桥直达栅顶；如不设栅顶，宜设工作桥，工作桥的净宽不应<0.60m，净高不应<1.80m，位置应满足工作人员安装、检修舞台悬吊设备的需要。

3）假台口

支撑结构为钢框架，面板为不燃材料。

2. 乐池

1）歌舞剧场舞台必须设乐池，其他剧场可视需要而定。各等级剧场的乐池面积见本小节附表。

乐池开口进深不应小于乐池进深的 2/3。乐池进深与宽度之比不应＜1：3。

2）乐池地面至舞台面的高度，在开口位置不宜＞2.20m，台唇下净高不宜＜1.85m。

3）乐池两侧都应设通往主台和台仓的通道，通道口的净宽不宜＜1.20m，净高不宜＜1.80m。乐池可做成升降乐池。

乐池面积按容纳人数计算，乐队每人所占面积≥1m^2，合唱队每人≥0.25m^2。

乐池面积指标表　　　　表 23.1.4

规模及用途	乐队及合唱队一般人数	面积（m^2）
一般大中型多用途剧场	双管乐队/45 人 合唱队/30 人	55～60
1800 座大型歌舞剧场	三管乐队/60 人 合唱队/30 人	75～80
特大型剧场	特殊编制乐队/120 人	100～120
话剧或音乐剧		35～40

注：一般乐队≥1m^2/人；合唱队≥0.25m^2/人

3. 舞台照明

1）面光桥应符合下列规定：

a）面光桥除灯具所占用的空间外，其通行和工作宽度见本小节附表。

b）面光桥的通行高度，不应＜1.80m；射光口 0.8～1.2m，设防坠落金属保护网。

c）面光桥的长度不应小于台口宽度，下部应设 50mm 高的挡板，灯具的射光口净高不应＜0.80m，也不得＞1.00m。

d）射光口必须设金属护网，固定护网的构件不得遮挡光柱射向表演区；护网孔径宜为 35～45mm，铅丝直径不应＞1.0mm。

2）耳光室射光口应设不反光的金属护网。

3）追光室室内净高不应＜2.20m；调光柜室室内净高不得＜2.50m，室内要有良好的通风。

三、排练厅

排练厅门净宽≥1.5m；小排练室门宽≥1.2m。

23.1.5 防火及疏散

在满足建规的前提下，尚需按下列要求设计。

一、建筑防火（《剧场建筑设计规范》JGJ 57—2016）

1. 甲等及乙等的大型、特大型剧场舞台台口应设防火幕。超过 800 个座位的特等、甲等剧场及高层民用建筑中超过 800 个座位的剧场舞台台口宜设防火幕。

2. 舞台主台通向各处洞口均应设甲级防火门或按消防规范设置水幕。

3. 舞台与后台部分的隔墙及舞台下部台仓的周围墙体均应采用耐火极限不<2.5h的不燃烧体。

4. 舞台（包括主台、侧台、后舞台）内的天桥、渡桥码头、平台板、栅顶应采用不燃烧体，耐火极限不应<0.5h。

5. 变电间之高、低压配电室与舞台、侧台、后台相连时，必须设置面积不<6m^{2}的前室，并应设甲级防火门。

6. 甲等及乙等的大型、特大型剧场应设消防控制室，位置宜靠近舞台，并有对外的单独出入口，面积不应<12m^2。剧场应设消防控制室，并应对外有单独出入口，使用面积不应<12m^2。

7. 观众厅吊顶内的吸声、隔热、保温材料应采用不燃材料。观众厅（包括乐池）的天棚、墙面、地面装修材料宜为不燃材料，当采用难燃性装修材料时应设置相应的消防设施。

8. 剧场检修马道应采用不燃材料。

9. 观众厅及舞台内的灯光控制室、面光桥及耳光室各界面构造均采用不燃材料 。

10. 舞台上部屋顶或侧墙上应设置通风排烟设施。当舞台高度<12m时，可采用自然排烟，排烟窗的净面积不应小于主台地面面积的5%。排烟窗应避免因锈蚀或冰冻而无法开启。在设置自动开启装置的同时，应设置手动开启装置。当舞台高度≥12m时，应设机械排烟装置。

11. 舞台内严禁设置燃气加热装置，后台使用上述装置时，应用耐火极限不<3.0h 的隔墙和甲级防火门分隔，并不应靠近服装室、道具间。

12. 当剧场建筑与其他建筑合建或毗连时，应形成独立的防火分区，以防火墙隔开，并不得开门窗洞；当设门时，应设甲级防火门，上下楼板耐火极限不应<1.5h。

13. 机械舞台台板采用的材料不得<B1 级。

14. 舞台所有布幕均应为 B1 级材料。

15. 甲等剧场的侧台与主台之间的洞口宜设防火幕。

二、人员疏散

1. 观众厅出口应符合下列规定：

1）出口均匀布置，主要出口不宜靠近舞台；楼座与池座应分别布置出口。

2）楼座至少有两个独立的出口，面积不超过 $200m^2$ 且不足 50 座时可设一个出口。楼座不应穿越池座疏散。

2. 观众厅出口门、疏散外门及后台疏散门应符合下列规定：

1）应设双扇门，净宽不<1.40m，向疏散方向开启；

2）紧靠门不应设门槛，设置踏步应在 1.40m 以外；

3）严禁用推拉门、卷帘门、转门、折叠门、铁栅门；

4）宜采用自动门闩，门洞上方应设疏散指示标志。

3. 观众厅外疏散通道应符合下列规定：

1）坡度：室内部分不应>1∶8，室外部分不应>1∶10，并应加防滑措施，室内坡道采用地毯等不应低于B1级材料。为残疾人设置的通道坡度不应>1∶12。

2）地面以上2m内不得有任何突出物。不得设置落地镜子及装饰性假门。

3）疏散通道穿行前厅及休息厅时，设置在前厅、休息厅的小卖部及存衣处不得影响疏散的畅通。

4）疏散通道的隔墙耐火极限不应<1.00h。

5）疏散通道内装修材料：天棚不低于A级，墙面和地面不低于B1级，不得采用在燃烧时会产生有毒气体的材料。

6）疏散通道宜有自然通风及采光；当没有自然通风及采光时应设人工照明，超过20m长时应采用机械通风排烟。

4. 主要疏散楼梯应符合下列规定：

1）踏步宽度不应<0.28m，踏步高度不应>0.16m，连续踏步不超过18级，超过18级时，应加设中间休息平台，楼梯平台宽度不应小于梯段宽度，并不得< 1.20m。

2）不得采用螺旋楼梯，采用扇形梯段时，离踏步窄端扶手水平距离0.25m处踏步宽度不应<

0.22m，宽端扶手处不应>0.50m，休息平台窄端不<1.20m。

3）楼梯应设置坚固、连续的扶手，高度不应低于0.90m。

5. 后台应有不少于两个直接通向室外的出口。

6. 乐池和台仓出口不应少于两个。

7. 舞台天桥、栅顶的垂直交通，舞台至面光桥、耳光室的垂直交通应采用金属梯或钢筋混凝土梯，坡度不应>60°，宽度不应<0.60m，并有坚固、连续的扶手。

8. 剧场与其他建筑合建时应符合下列规定：

1）观众厅应建在首层或第二、三层；

2）出口标高宜同于所在层标高；

3）应设专用疏散通道通向室外安全地带。

9. 疏散口的帷幕应采用难燃材料。

10. 室外疏散及集散广场不得兼作停车场。

附表

各等级剧院建设标准

剧院等级	特等	甲等	乙等
总用地指标（m^2/座）		5～6	3～4
前厅面积（m^2/座）		0.3	0.2
休息厅（m^2/座）		0.3	0.2

续表

剧院等级	特等	甲等	乙等
前厅与休息厅合并设置时（m^2/座）		0.5	0.3
观众厅面积（m^2/座）		0.8	0.7
主台净高（m）		台口高度2.5倍	台口高度2倍+4m
主台天桥层数（层）		≥3	≤2
两个侧台总面积（m^2）		≥主台面积1/2	≥主台面积1/3
侧台与主台间的洞口净宽（m）		8	6
侧台与主台间的洞口净高（m）		7	6
防火幕设置		主侧台间洞口宜设置	—
（大型及特大型剧院）台口防火幕		应设	应设

续表

剧院等级	特等	甲等	乙等
（中型规模多层高层剧院）台口防火幕	宜设	宜设	—
乐池面积（m^2）		80	65
面光桥数量（条）		3～4	如未设升降乐池，可只设1道面光桥
面光桥通行工作宽度（m）		≥1.2	≥1.0
耳光室数量（个）		2～3	如未设升降乐池，可只设1个耳光室
追光室		应设	不设，可在观众厅后部预留电源
调光柜室面积（m^2）		≥30	≥25
功放室面积（m^2）		≥12	≥10
大中小化妆间数量（个）		≥4	≥3
大中小化妆间总面积（m^2）		≥200	≥160

续表

剧院等级	特等	甲等	乙等
服装间总数量（个）		≥4	≥3
服装间总面积（m^2）		≥160	≥100
（大型、特大型剧场）消防控制室		应设，独立出口，面积≥12m^2	
观众席背景噪声评价曲线		≤NR25	≤NR30
观众厅、舞台、化妆室、VIP设置空调		应设	炎热地区宜设

特等根据具体情况确定标准。

23.2 多厅影院安全设计

23.2.1 分类

多厅影院档次分类宜按电影院星级评定标准中一星至五星进行分类，一般对于新建多厅影院不低于三星级标准。

影院规模分类表　　表 23.2.1-1

分类	总座位数（个）	观众厅数量（个）
特大型	＞1800	大于 11
大型	1201～1800	8～10
中型	701～1200	5～7
小型	≤700	＞4

一、观众厅规模

观众厅的座位及面积指标

观众厅座位及面积表　　表 23.2.1-2

厅型	座位数（个）	面积数（m^2）
IMAX	≥300	≥400
大型	200～300	320～400
中厅	100～200	250～320
小厅	60～100	180～250
VIP	10～20	≤120

二、场地面积

多厅影院总面积一般为 2.0～2.5m^2/座，其中门厅 0.4～0.5m^2/座。停车泊位按 6～8 个/100 座。其他配套设置的观众人数计算，应按多厅总席位数一定比例（70%～40%）进行折减计算。厅数越多折减比例越大。

23.2.2　观众厅

1. 观众厅座位设计

排距及每排座位表　　表 23.2.2-1

	排距（mm）	每排最多座位数（个）	备注
长排法	1100	≤44	仅单侧走道时座位数减半
短排法	850	≤22	
	900	≤24	
	950	≤26	

2. 噪声控制

观众厅的稳态噪声不宜高度 NC-25 噪声评价曲线，不应高度 NC-35 噪声评价曲线，单一 A 声级不高于 35dB（A）。

3. 隔声设计

两个观众厅之间墙体，其隔声量不小于 65dB。

观众厅设计参数表　　表 23.2.2-2
（星级影院评定标准）

项目＼星级	一星	二星	三星	四星	五星
门厅面积（m^2/座）	≥0.1	≥0.2	≥0.3	≥0.4	≥0.5
扶手中心距（m）	≥0.50	≥0.52	≥0.54	≥0.56	≥0.56
座位净宽（m）	≥0.44	≥0.44	≥0.46	≥0.48	≥0.48
排距（短排法）（m）	≥0.85	≥0.90	≥0.95	≥1.00	≥1.05
排距（长排法）（m）	≥0.90	≥0.95	≥1.00	≥1.05	≥1.10

23.2.3　门厅、其他服务空间

门厅建议其面积应不小于整个影院面积的 30%～40%。

23.2.4 防火设计

一、防火设计

1. 当电影院建在综合建筑内时，应形成独立防火分区，至少设置 1 个独立的安全出口和疏散楼梯，并应符合下列规定：

1）应采用耐火极限不<2h 的防火隔间和甲级防火门与其他区域分隔。

2）设置在一、二级耐火等级的建筑内时，观众厅宜布置在首层、二层、三层；确需布置在四层及以上楼层时，一个观众厅的疏散门不应少于两个，且每个观众厅不宜>400m^2。

3）设置在三级耐火等级的建筑内时，不应布置在三层及以上楼层

4）设置在地下或半地下时，宜设置在地下一层，不应设置在地下三层及以下楼层。

2. 观众厅内座席台阶结构应采用不燃材料。

3. 观众厅、声闸和疏散通道内的顶棚材料应采用 A 级装修材料，墙面、地面材料不应低于 B1 级。各种材料均应符合现行国家标准《建筑内部装修设计防火规范》中的有关规定。

4. 观众厅吊顶内吸声、隔热、保温材料与检修马道应采用 A 级材料。

5. 银幕架、扬声器支架应采用不燃材料制作，银幕和所有幕帘材料不应低于 B1 级。

6. 放映机房应采用耐火极限不<2.0h 的隔墙

和不<1.5h的楼板与其他部位隔开，观察孔应设阻火闸门。顶棚装修材料不应低于A级，墙面、地面材料不应低于B1级。

7. 电影院顶棚、墙面装饰采用的龙骨材料均应为A级材料。

8. 电影院内吸烟室的室内装修顶棚应采用A级材料，地面和墙面应采用不低于B1级材料，并应设有火灾自动报警装置和机械排风设施。

二、人员疏散

1. 一二级耐火等级的建筑内疏散门或安全出口不少于2个的观众厅，其室内任意一点至最近疏散门或安全出口的直线距离不>30m；当疏散门不能直通室外地面或楼梯间时，应采用长度不>10m的疏散走道至最近的安全出口。当该场所设置自动喷水灭火系统时，室内任意一点至最近安全出口的距离可分别增加25%。

2. 电影院场所的疏散走道、疏散楼梯、疏散门、安全出口的各自总净宽度，应符合下列规定：

1）观众厅内疏散走道的净宽度应按每100人不<0.60m计算，且不应<1.00m；边走道的净宽度不宜<0.80m。

2）布置疏散走道时，横走道之间的座位排数不宜超过20排。纵走道之间的座位数：剧场、电影院、礼堂等，每排不宜超过22个；体育馆，每排不宜超过26个；前后排座椅的排距不<0.90m时，可增加1.0倍，但不得超过50个；仅一侧有

纵走道时，座位数应减少一半。

3）剧场、电影院、礼堂等场所供观众疏散的所有内门、外门、楼梯和走道的各自总净宽度，应根据疏散人数按每100人的最小疏散净宽度不小于表23.2.4的规定计算确定。

电影院场所每100人所需最小疏散净宽度（m/100人）　**表23.2.4**

观众厅座位数（座）			≤2500	≤1200
耐火等级			一、二级	三级
疏散部位	门和走道	平坡地面	0.65	0.85
		阶梯地面	0.75	1.00
	楼梯		0.75	1.00

3. 观众厅疏散门不应设置门槛，其净宽不应<1.4m，且紧靠门口1.40m范围内不应设置踏步。

4. 疏散门应为自动推闩式外开门，严禁采用推拉门、卷帘门、折叠门、转门等。

5. 观众厅疏散门的数量应经计算确定，且不应少于2个，门的净宽度应符合现行国家标准《建筑设计防火规范》规定，且不应<0.90m。应采用甲级防火门，并应向疏散方向开启。

6. 观众厅外的疏散走道、出口等应符合下列规定：

1）穿越休息厅或门厅时，厅内存衣、小卖部等活动陈设物的布置不应影响疏散的通畅；2m高度内应无突出物、悬挂物。

2）当疏散走道有高差变化时宜做成坡道；当设置台阶时应有明显标志、采光或照明。

3）疏散走道室内坡道不应＞1：8，并应有防滑措施；为残疾人设置的坡道坡度不应＞1：12。

7. 疏散楼梯应符合下列规定：

1）对于有候场需要的门厅，门厅内供入场使用的主楼梯不应作为疏散楼梯。

2）疏散楼梯踏步宽度不应＜0.28m，踏步高度不应＞0.16m，楼梯最小宽度不得＜1.20m，转折楼梯平台深度不应小于楼梯宽度；直跑楼梯的中间平台深度不应＜1.20m。

8. 观众厅内疏散走道宽度除应符合计算外，还应符合下列规定：

1）中间纵向走道净宽不应＜1.0m；

2）边走道净宽不应＜0.8m；

3）横向走道除排距尺寸以外的通行净宽不应＜1.0m。

24 长途汽车站建筑安全设计

建筑设计要求

选址	1. 避开易发生地质灾害的区域 2. 与有害物品、危险品等污染源的防护距离
总平面布置	1. 汽车进站口、出站口与旅客主要出入口之间应设≥5.0m的安全距离，并应有隔离措施 2. 汽车进站口、出站口与公园、学校、托幼、残障人使用的建筑及人员密集场所的主要出入口距离应≥20.0m 3. 汽车进站口、出站口与城市干道之间宜设有车辆排队等候的缓冲空间，并应满足驾驶员行车安全视距的要求 4. 汽车客运站站内道路应按人行道路、车行道路分别设置
站前广场	1. 站前广场应与城镇道路衔接，在满足城镇规划的前提下，应合理组织人流、车流，方便换乘与集散，互不干扰。对于站前广场用地面积受限制的交通客运站，可采用其他方式完成人流的换乘与集散 2. 站前广场的设计应符合现行国家标准《无障碍设计规范》GB 50763的规定。站前广场的人行区域的地面应坚实平整，并应防滑

续表

站房	候乘厅	1. 候乘厅每排座椅不应超过 20 座，座椅之间走道净宽不应<1.3m，并应在两端设不<1.5m 通道 2. 候乘厅的检票口应设导向栏杆，通道应顺直，且导向栏杆应采用柔性或可移动栏杆，栏杆高度不应<1.2m 3. 汽车客运站候乘厅内应设检票口，每三个发车位不应少于一个；当采用自动检票机时，不应设置单通道。当检票口与站台有高差时，应设坡道，其坡度不得大于 1∶12
	售票用房	1. 售票窗口前宜设导向栏杆，栏杆高度不宜低于 1.2m，宽度宜与窗口中距相同 2. 售票室应有防盗设施，且不应设置直接开向售票厅的门 3. 票据室应有防火、防盗、防鼠、防水和防潮等措施
	行包用房	1. 行包托运厅应留有设置安全检测设备的位置和电源，并应就近设置泄爆室或泄爆装置 2. 行包仓库应通风良好，并应有防火、防盗、防鼠、防水和防潮等措施 3. 国际客运的行包用房应独立设置，并应有海关和检验检疫监控设施及业务用房
	站务用房	公安值班室应布置在与售票厅、候乘厅、值班站长室联系方便的位置，其使用面积应由公安部门根据交通客运站等级、周边环境等确定，室内应设独立的通信设施，门窗应有安全防护设施

续表

站房	其他	1. 站房旅客入口处应设防爆、安检设备 2. 小件寄存处应有通风、防火、防盗、防鼠、防水和防潮等措施 3. 有噪声和空气污染源的附属用房，应设置防护措施
室外营运区		1. 营运停车场的停车数＞50 辆时，其汽车疏散口不应少于两个，且疏散口应在不同方向设置，并应直通城市道路。停车数≤50 辆时，可只设一个汽车疏散口。 2. 汽车客运站营运停车场内的车辆宜分组停放，车辆停放的横向净距应≥0.8m，每组停车数量不宜＞50 辆，组与组之间防火间距应≥6.0m。 3. 汽车客运站发车位和停车区前的出车通道净宽应≥12.0m 4. 停车场和发车位应设置适用于扑灭汽油、柴油、燃气等易燃物质燃烧的消防设施
防火疏散		1. 交通客运站的防火和疏散设计应符合国家现行有关建筑防火设计标准的有关规定 2. 交通客运站的耐火等级，一、二、三级站不应低于二级，其他站级不应低于三级 3. 交通客运站与其他建筑合建时，应单独划分防火分区 4. 汽车客运站的停车场和发车位除应设室外消火栓外，还应设置适用于扑灭汽油、柴油、燃气等易燃物质燃烧的消防设施 5. 候乘厅应设置足够数量的安全出口，进站检票口和出站口应具备安全疏散功能 6. 交通客运站内旅客使用的疏散楼梯踏步宽度应≥0.28m，踏步高度不应＞0.16m 7. 候乘厅及疏散通道墙面不应采用具有镜面效果的装修饰面及假门

续表

材料及构造	1. 严寒和寒冷地区的交通客运站售票室的地面，宜采取保温措施 2. 站房的吸声、隔热、保温等构造，不应采用易燃及受高温散发有毒烟雾的材料 3. 交通客运站消防安全标志和站房内采用的装修材料应分别符合现行国家标准《消防安全标志设置要求》GB 15630 和《建筑内部装修设计防火规范》GB 50222 的有关规定。 4. 交通客运站室内建筑材料和装修材料所产生的室内环境污染物浓度限量应符合现行国家标准《民用建筑工程室内环境污染控制规范》GB 50325 的规定。 5. 交通客运站应设标志标识引导系统的结构、构造应安全可靠，并应符合现行行业标准《交通客运图形符号、标志及技术要求》JT/T 471 的有关规定。 6. 公共门厅、候乘厅、售票厅、托运厅等人员密集场所的地面面层应采用防滑、耐磨、不易起尘的块材面层或水泥类整体面层。 7. 公共门厅、候乘厅、售票厅、托运厅、走道、室外坡道及经常用水冲洗或潮湿、结露等容易受影响的地面，应采用防滑面层

25 车库建筑安全设计

25.1 车库出入口安全设计

表 25.1

<table>
<tr><td rowspan="9">基地出入口</td><td>强制要求</td><td colspan="3">机动车库基地出入口应设置减速安全设施，以保障基地出入口的通行安全</td></tr>
<tr><td>出入口
自动设备</td><td colspan="3">减速挡与取（读）卡器之间，取（读）卡器与自动挡车横杆之间间距均应≥3.0m</td></tr>
<tr><td>地面坡度</td><td colspan="3">宜0.2%～5%，当>8%时应设缓坡与城市道路连接</td></tr>
<tr><td>宽度
（m）</td><td>双向行驶
≥7</td><td>单向行驶
≥4</td><td>机非混行时，
单向增加≥1.5</td></tr>
<tr><td>间距（m）</td><td colspan="3">应≥15，且≥两出入口道路转弯半径之和</td></tr>
<tr><td>候车道</td><td colspan="3">需办出入手续时，应在附近设≥4m×10m（宽×长）的候车道，不占城市道路</td></tr>
<tr><td rowspan="3">位　置</td><td colspan="3">应设于城市次干道或支路，不应（不宜）直接与城市快速路（主干道）连接</td></tr>
<tr><td colspan="2">距城市主干道交叉口</td><td>应≥70m</td></tr>
<tr><td colspan="2">与人行天桥、地道（包括引道引桥）、人行横道线等最边线距离</td><td>应≥5m</td></tr>
</table>

续表

<table>
<tr><td rowspan="4">基地出入口</td><td rowspan="2">位　置</td><td>距地铁出入口、公交站台边缘</td><td>应≥15m</td></tr>
<tr><td>距公园、学校、儿童及残疾人建筑出入口</td><td>应≥20m</td></tr>
<tr><td>通视条件</td><td colspan="2">在距出入口边线以内 2m 处作视点，视点的 120°范围内至边线外不应有遮挡视线的障碍物（如下图阴影区域） 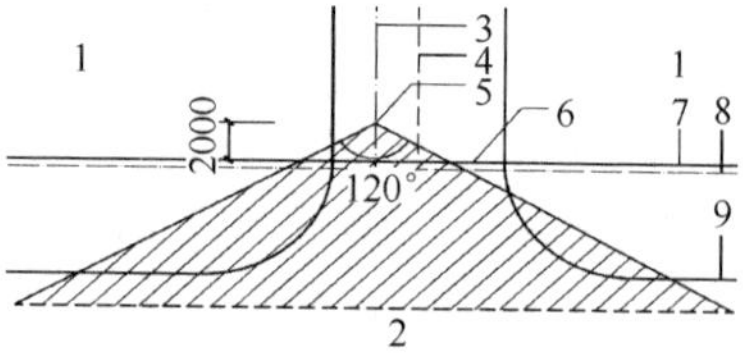
1—建筑基地；2—城市道路；
3—车道中心线；4—车道边线；
5—视点位置；6—基地机动车出口；
7—基地边线；8—道路红线；
9—道路缘石线</td></tr>
<tr><td>机动车道转弯半径</td><td colspan="2">宜≥6m，且满足基地各类通行车辆最小转弯半径要求</td></tr>
<tr><td rowspan="2">机动车库出入口</td><td rowspan="2">强制要求</td><td colspan="2">车库的人员出入口与车辆出入口必须分开设置</td></tr>
<tr><td colspan="2">载车电梯严禁代替乘客电梯作为出入口并应设标识</td></tr>
</table>

续表

<table>
<tr><td rowspan="11">机动车库出入口</td><td>出入口
自动设备</td><td colspan="4">减速挡与取（读）卡器之间，取（读）卡器与自动挡车横杆之间间距均应≥3.0m</td></tr>
<tr><td>出入口宽度
（m）</td><td colspan="2">双向行驶≥7m</td><td colspan="2">单向行驶≥4m</td></tr>
<tr><td>出入口、坡道处最小净高
（m）</td><td>小型车：
2.2m</td><td colspan="2">轻型车：
2.95m</td><td>中型、大型客车：
3.7m</td></tr>
<tr><td rowspan="4">升降梯式
出入口</td><td colspan="4">升降梯数量应≥2 台，停车当量<25 辆时可设 1 台
出入口宜分开设置，应设限高限载标识</td></tr>
<tr><td colspan="4">升降梯门宜为通过式双开门，否则应在各层进出口处设车辆等候位</td></tr>
<tr><td colspan="4">升降梯口应设防雨措施，升降梯坑应设排水措施
若采用升降平台，应设安全防护或防坠落措施</td></tr>
<tr><td colspan="4">升降梯操作按钮宜方便驾驶员触及；各层出入口应有楼层号及行驶方向标识</td></tr>
<tr><td>平入式
出入口</td><td colspan="3">室内外高差：
150～300mm</td><td>出入口外宜有≥5m 的距离与室外车行道相连</td></tr>
</table>

续表

<table>
<tr><td rowspan="10">机动车库出入口</td><td rowspan="10">坡道式出入口</td><td rowspan="2">坡道最小净宽(不含道牙、分隔带等)</td><td>微型、小型车</td><td>直线单行 3m，直线双行 5.5m
曲线单行 3.8m，曲线双行 7m</td></tr>
<tr><td>轻、中、大型车</td><td>直线单行 3.5m，直线双行 7.0m
曲线单行 5.0m，曲线双行 10.0m</td></tr>
<tr><td rowspan="5">坡道最大纵向坡度 i</td><td>微型、小型车</td><td>直线坡道≤15%，曲线坡道≤12%</td></tr>
<tr><td>轻型车</td><td>直线坡道≤13.3%，曲线坡道≤10%</td></tr>
<tr><td>中型车</td><td>直线坡道≤12%，曲线坡道≤10%</td></tr>
<tr><td>大型车</td><td>直线坡道≤10%，曲线坡道≤8%</td></tr>
<tr><td>斜楼板坡度</td><td>≤5%</td></tr>
<tr><td>缓坡长度(m)</td><td>直线缓坡≥3.6
曲线缓坡≥2.4</td><td rowspan="2">当车道纵坡 $i>10\%$ 时，坡道上、下端应设缓坡</td></tr>
<tr><td>缓坡坡度</td><td>$=i/2$</td></tr>
<tr><td>坡道转弯超高</td><td colspan="2">环道横坡坡度(弯道超高)
2%～6%</td></tr>
</table>

续表

<table>
<tr><td rowspan="2">机动车库出入口</td><td rowspan="2">坡道式出入口</td><td rowspan="2" colspan="2">坡道转弯处最小环形车道内半径：
α：坡道连续转向角度</td><td>$\alpha\leqslant 90^{\circ}$</td><td>$90^{\circ}<\alpha<180^{\circ}$</td><td>$\alpha\geqslant 180^{\circ}$</td></tr>
<tr><td>4m</td><td>5m</td><td>6m</td></tr>
<tr><td rowspan="4">机械式机动车库出入口</td><td>复式机动车库出入口</td><td colspan="5">满足机动汽车后进停车时，通道宽度应≥5.8m</td></tr>
<tr><td rowspan="3">全自动机动车库出入口</td><td colspan="5">应设≥2个候车位；当出入口分设时，每个出入口处至少应设1个候车位</td></tr>
<tr><td colspan="5">净宽≥设计车宽+0.50m且≥2.50m，净高≥2.00m</td></tr>
<tr><td colspan="5">管理操作室宜近出入口，应有良好视野或视频监控系统。管理室可兼配电室，室内净宽≥2m，面积≥9m²，门外开</td></tr>
<tr><td rowspan="4">非机动车库出入口</td><td rowspan="2">出入口净宽度（m）</td><td>自行车</td><td>三轮车</td><td>电动自行车</td><td>机动轮椅车</td><td>二轮摩托车</td></tr>
<tr><td>≥1.80</td><td>≥车宽+0.6</td><td>≥1.80</td><td colspan="2">≥车宽+0.6</td></tr>
<tr><td>出入口净高度（m）</td><td colspan="5">≥2.50</td></tr>
<tr><td>出入口直线形坡道</td><td colspan="5">长度>6.8m或转向时，应设休息平台，平台长度≥2.00m</td></tr>
</table>

续表

<table>
<tr><td rowspan="4">非机动车库出入口</td><td>踏步式出入口斜坡</td><td>推车坡度≤25%，推车斜坡净宽≥0.35m，出入口总净宽≥1.80m</td></tr>
<tr><td>坡道式出入口斜坡</td><td>坡度≤15%，坡道宽度≥1.80m</td></tr>
<tr><td rowspan="2">出入口安全</td><td>非机动车库出入口宜与机动车库出入口分开设置，且出地面处的最小距离应≥7.5m</td></tr>
<tr><td>当出入口坡道需与机动车出入口共设时，应设安全分隔设施，且应在地面出入口外7.5m范围内设置不遮挡视线的安全隔离栏杆</td></tr>
</table>

注：表格内容出自《车库建筑设计规范》JGJ 100—2015。

25.2 车库内建筑安全设计

25.2.1 机动车库停车安全设计

表 25.2.1

<table>
<tr><td rowspan="7">机动车与机动车、墙、柱、护栏之间最小净距（m）</td><td colspan="2">最小净距</td><td>微型车、小型车</td><td>轻型车</td></tr>
<tr><td colspan="2">平行式停车时机动车间纵向净距</td><td>1.20</td><td>1.20</td></tr>
<tr><td colspan="2">垂直、斜列式停车时机动车间纵向净距</td><td>0.50</td><td>0.70</td></tr>
<tr><td colspan="2">机动车间横向净距</td><td>0.60</td><td>0.80</td></tr>
<tr><td colspan="2">机动车与柱子间净距</td><td>0.30</td><td>0.30</td></tr>
<tr><td rowspan="2">机动车与墙、护栏及其他构筑物间净距</td><td>纵向</td><td>0.50</td><td>0.50</td></tr>
<tr><td>横向</td><td>0.60</td><td>0.80</td></tr>
</table>

续表

小型车通（停）车道最小宽度	平行、30°、45°前进停车	垂直前进停车	垂直后退停车	60°前进（后停）停车
	3.8m	9m	5.5m	4.5m(4.2m)

注：表格内容出自《车库建筑设计规范》JGJ 100—2015。

25.2.2　车库标志和标线设计

表 25.2.2

标志和标线	要求	满足反光性、美观性、耐久性、无毒环保、检测合格等要求，标志和标线厚度≥1.8mm
	车库入口	应设停车库入口标志、规则牌、限速标志、限高标志、禁止驶出标志和禁止烟火标志
	车行道	应设置车行出口引导标志、停车位引导标志、注意行人标志、车行道边缘线和导向箭头
	停车区域	应设置停车位编号、停车位标线和减速慢行标志
	每层出入口	应在明显部位设置楼层及行驶方向标志
	人行通道	应设置人行道标志和标线
	车库出口	应设置出口指示标志和禁止驶入标志
	地面	应采用醒目线条标明行驶方向，用10～15cm宽线条标明停车位，车行道边缘线15cm宽

续表

标志和标线	设施安装	护墙角、轮廓标、减速带、轮挡、反光镜、线形诱导标、反光警示标示等应固定于立柱或墙地面上，安装时应确保相应设施的高度和线形一致，设施安装应牢固
		标志安装应与道路中线垂直或成角度：禁令和指示标志 0～45°，指路和警告标志 0～10° 各类标识标志的安装应保证不被遮挡，同时应保证路面的净空高度满足要求
	机械式车库	出入口、操作室等明显处应有安全标志、交通指示、疏散标志等标志标示

注：表格内容出自《车库建筑设计规范》JGJ 100—2015。

25.2.3 车库构造安全设计

表 25.2.3

车库构造安全	车道、坡道	应采用耐久、耐磨、耐压、耐冲击、降噪、防滑、耐火的无震动止滑构造做法
	防雨、防淹	出入口和坡道处应设置截水沟和耐轮压钩盖板以及闭合的挡水槛，外端应设置防水反坡
		地下车库出入口、坡道敞开段较低处、坡道低端应设置截水沟
		出入口及必要的口部应设置防淹插板或沙袋（平时可堆放在室内器材间）
		非机动车地下车库坡道口应在地面出入口处设置≥0.15m的反坡及截水沟

续表

车库构造安全	排水	地面应设地漏或排水沟等排水设施，地漏（或集水坑）的中距宜≤40m
		停车区域地面排水坡度应 i≥0.5%，应设相应的排水系统
		车库地下室和各类底坑（含全自动机械车库回转盘底坑）应做好防、排水设计
	防护	车库内外凡是能使人跌落入坑的地方，均应设置防护栏，护栏高度应≥1050mm，且应防翻越、防可踏、防攀爬、防穿过
		柱子、墙阳角、凸出结构等处应设防撞构造
		出入口及室外坡道上方应设防坠物措施；严寒寒冷地区还应采取防雪篷罩等构造
		停车库及坡道应防眩光
	轮挡	宜设于距停车位端线为汽车前悬或后悬的尺寸减 0.2m 处，高度宜=0.15m 车轮挡不得阻碍楼地面排水
	护栏和道牙	入库坡道横向侧无实体墙时，应设护栏和道牙。道牙（宽度×高度）应≥0.30m×0.15m
	排风口	与人员活动场所的距离应≥10m，否则底部距人员活动地坪的高度应≥2.5m

续表

<table>
<tr><td rowspan="12">车库构造安全</td><td rowspan="6">充电设施及相关电气设备房设置</td><td colspan="2">不应设在有爆炸危险场所的正上、下方，毗邻时应满足 GB 50058 的规定</td></tr>
<tr><td colspan="2">不应设在有剧烈振动或高温的场所</td></tr>
<tr><td colspan="2">不宜设在多尘、有水雾及腐蚀性气体的场所，否则应设在此类场所的常年主导风向下风侧</td></tr>
<tr><td colspan="2">不应设在厕所、浴室等场所的正下方，或贴邻</td></tr>
<tr><td>非车载充电机外廓距停车位边线应≥400mm</td><td>交流充电桩外廓不应侵入停车位边线</td></tr>
<tr><td colspan="2">充电设施基座高度应≥200mm，充电设施安装基座应为不燃构件
充电设施外宜设高度≥800mm 的防撞栏</td></tr>
<tr><td rowspan="4">机械式车库</td><td colspan="2">应根据需要设置检修通道，宽度≥600mm，净高≥停车位净高，设检修孔时边长≥700mm</td></tr>
<tr><td colspan="2">与主体建筑主体结构间，应根据设备运行特点采取隔振、防噪，减震、隔声等措施</td></tr>
<tr><td colspan="2">安装必要的限位装置、人车误入检测装置、停车板汽车位置检测装置、存车指导装置等设备不动作或紧急停止系统</td></tr>
<tr><td colspan="2">在机械式停车设备所需运行空间范围内，不得设置或穿越与停车设备无关的管道、电缆</td></tr>
</table>

注：本表内容分别出自《车库建筑设计规范》JGJ 100—2015、《民用建筑电动汽车充电设备配套设施设计规范》DBJ 50—218—2015 和《机械式停车库工程技术规范》JGJ/T 326。

25.3 车库防火安全设计

本节内容出自《汽车库、修车库、停车场设计防火规范》GB 50067—2014。

25.3.1 车库分类及防火安全设计要求

表 25.3.1

<table>
<tr><td colspan="2" rowspan="2">停车数量（辆）</td><td colspan="2">>300</td><td colspan="3">51～300</td><td rowspan="2">≤50</td></tr>
<tr><td>>1000</td><td>301～1000</td><td>151～300</td><td>101～150</td><td>51～100</td></tr>
<tr><td colspan="2">总建筑面积 S（m²）</td><td colspan="2">S>10000</td><td>5000<S≤10000</td><td colspan="2">2000<S≤5000</td><td>S≤2000</td></tr>
<tr><td colspan="2">防火分类</td><td colspan="2">Ⅰ</td><td>Ⅱ</td><td colspan="2">Ⅲ</td><td>Ⅳ</td></tr>
<tr><td colspan="2">耐火等级</td><td colspan="2">一级</td><td colspan="3">不低于二级</td><td>不低于三级</td></tr>
<tr><td rowspan="2">汽车疏散出口（个）</td><td>地上车库</td><td>每库或每层≥3</td><td colspan="2">每库或每层≥2</td><td colspan="2">每库或每层≥2或1(设双车道)</td><td>1</td></tr>
<tr><td>地下、半地下车库</td><td>每库或每层≥3</td><td colspan="3">每库或每层≥2</td><td>≥2或1（设双车道，且S<4000）</td><td>1</td></tr>
<tr><td colspan="2">人员安全出口（个）</td><td colspan="5">每防火分区≥2</td><td>1</td></tr>
</table>

续表

<table>
<tr><td>车库各出入口关系</td><td colspan="2">汽车安全疏散口与车库的人员及所在建筑其他部分的人员的安全疏散出口均应分开设置</td></tr>
<tr><td rowspan="2">疏散出口水平距离</td><td colspan="2">人员疏散出口应≥5m</td></tr>
<tr><td colspan="2">汽车疏散出口应≥10m；毗邻的双坡道汽车出口，中间应设防火隔墙分隔</td></tr>
<tr><td>汽车疏散坡道净宽</td><td colspan="2">单车道≥3m，双车道≥5.5m</td></tr>
<tr><td>人员疏散距（m）</td><td colspan="2">≤45（无自动灭火系统），≤60（有自动灭火系统），≤60（单层或设于首层）</td></tr>
<tr><td rowspan="4">人员疏散楼梯</td><td>防烟楼梯间</td><td>高层车库 H＞32m，地下车库室内外地坪高差 ΔH＞10m 时设</td></tr>
<tr><td>封闭楼梯间</td><td>除防烟楼梯间及满足条件的室外疏散梯外，均应设</td></tr>
<tr><td>室外疏散楼梯</td><td>倾角≤45°、栏杆高 H≥1.1m、各层楼梯平台耐火极限≥1h、2m范围内除疏散门外无其他门窗洞口</td></tr>
<tr><td>疏散楼梯净宽</td><td>≥1.1m</td></tr>
</table>

续表

<table>
<tr><td rowspan="3">人员疏散楼梯</td><td>机械车库救援楼梯间</td><td colspan="2">无人无车道机械车库，停车数量＞100 时，应设≥1 个供灭火救援用的楼梯间，楼梯间应采用防火隔墙和乙级防火门，净宽≥0.9m</td></tr>
<tr><td colspan="3">与住宅地下室连通的地下、半地下车库，可直接或设连通走道借用住宅的疏散楼梯间疏散，设甲级防火疏散门，通道采用防火隔墙</td></tr>
<tr><td colspan="3">汽车库与托儿所、幼儿园、老年建筑、中小学教学楼、病房楼等的安全出口和疏散楼梯应分别独立设置</td></tr>
<tr><td rowspan="6">防火分区面积（m^2）/设自动灭火系统的防火分区面积（m^2）</td><td rowspan="3">全地下车库、地上高层车库</td><td>坡道式</td><td>2000/4000</td></tr>
<tr><td>有人有车道机械式</td><td>1300/2600</td></tr>
<tr><td>敞开、错层、斜楼板式</td><td>4000/8000</td></tr>
<tr><td rowspan="3">半地下车库、地上多层车库</td><td>坡道式</td><td>2500/5000</td></tr>
<tr><td>有人有车道机械式</td><td>1625/3250</td></tr>
<tr><td>敞开、错层、斜楼板式</td><td>5000/10000</td></tr>
</table>

续表

<table>
<tr><td rowspan="8">防火分区面积（m^2）/设自动灭火系统的防火分区面积（m^2）</td><td rowspan="4">地上单层车库</td><td>坡道式</td><td>3000/6000</td></tr>
<tr><td>有人有车道机械式</td><td>1950/3900</td></tr>
<tr><td>敞开、错层、斜楼板式</td><td>6000/12000</td></tr>
<tr><td>甲、乙类物品运输车</td><td>500/500</td></tr>
<tr><td>无人无车道机械式车库</td><td colspan="2">每100辆设一个防火分区或
每300辆设一个防火分区，但必须采用防火措施分隔出停车数≤3辆的停车单元</td></tr>
<tr><td>电动车停车区</td><td colspan="2">每区停车数量应≤50辆，应单独划分防火分区，防火分区面积同上述要求</td></tr>
<tr><td rowspan="2">修车库</td><td>单层、多层</td><td>2000</td></tr>
<tr><td>修车部位与相邻使用有机溶剂清洗和喷漆工段用防火墙分隔时</td><td>4000</td></tr>
</table>

续表

<table>
<tr><td rowspan="7">防火间距（m）</td><td>最小防火间距（m）</td><td>多层民用建筑、车库</td><td>高层民用建筑、车库</td><td>厂房、仓库</td><td>甲类厂房</td><td>甲类仓库</td><td>重要公建</td></tr>
<tr><td>多层车库</td><td>10</td><td>13</td><td>10</td><td>12</td><td>12～20</td><td>10～13</td></tr>
<tr><td>高层车库</td><td>13</td><td>13</td><td>13</td><td>15</td><td>12～20</td><td>13</td></tr>
<tr><td>停车场</td><td>6</td><td>6</td><td>6</td><td>6</td><td>12～20</td><td>6</td></tr>
<tr><td>甲乙类物品运输车库</td><td>25</td><td>25</td><td>12</td><td>30</td><td>17～25</td><td>50</td></tr>
<tr><td colspan="7">注：
1. 当两座建筑较高一面外墙为无门、窗、洞口的防火墙或比相邻较低一座建筑屋面高 15m 及以下范围内的外墙为无门、窗、洞口的防火墙时，其防火间距不限
2. 当两座建筑相邻较高一面外墙上，同较低建筑等高以下范围内的墙为无门、窗、洞口的防火墙时，防火间距可按 GB 50067—2014 表 4.2.1 规定减少 50%
3. 当两座建筑相邻较高一面外墙的耐火极限≥2h，墙上开口部位设甲级防火门、窗或耐火极限≥2h 的防火卷帘、水幕时，防火间距应≥4m
4. 当两座建筑相邻较低一座外墙为防火墙、屋顶无开口且耐火极限≥1h 时，防火间距应≥4m
5. 停车场与相邻建筑之间，当建筑外墙为无门、窗、洞口的防火墙，或比停车部位高 15m 范围以下的外墙为无门、窗、洞口的防火墙时，其防火间距不限
6. 停车场的汽车宜分组停放，每组停车数宜≤50 辆，组与组间距应≥6m</td></tr>
</table>

续表

消防车道	应环形设置或沿车库的一个长边和另一边设置，消防车道净宽、净高均应≥4m
消防电梯	建筑高度＞32m 的汽车库，应设置消防电梯；每个防火分区至少设 1 部

注：1. 地下车库的耐火等级均应为一级。
2. 本章节内容仅适用于一、二级耐火等级的建筑。

25.3.2 汽车库、修车库平面安全布置

表 25.3.2

<table>
<tr><th>平面布置规定</th><th>Ⅱ、Ⅲ、Ⅳ类修车库</th><th>地上车库</th><th>半地下、地下车库</th></tr>
<tr><td>托幼、老年人建筑、中、小学教学楼、病房楼</td><td>不应组合建造或贴邻</td><td>不应组合建造</td><td>符合规定时可组合</td></tr>
<tr><td>商场、展览、餐饮、娱乐等人员密集场所</td><td>不应组合建造或贴邻</td><td colspan="2" rowspan="2">可组合或贴邻建造</td></tr>
<tr><td>一、二级耐火等级建筑</td><td>可设于首层或贴邻</td></tr>
<tr><td>为汽车库服务的附属用房，修理车位、喷漆间、充电间、乙炔间、甲乙类库房</td><td colspan="2">符合规定时可贴邻但应采用防火墙隔开，并可直通室外</td><td>不应内设</td></tr>
<tr><td>甲、乙类厂房、仓库</td><td colspan="3">不得贴邻或组合建造</td></tr>
<tr><td>汽油罐、加油机、加气机、液化气天然气罐</td><td colspan="3">不可内设</td></tr>
</table>

注：本表中“符合规定”指的是《汽车库、修车库、停车场防火规范》GB 50067 的相应规定。

26 地铁安全设计

26.1 总图、场地安全设计

26.1.1 选址与规划控制

26.1.1.1 选址

地铁车站建筑选址应符合城市总体规划、城市综合交通规划及城市轨道交通线网规划的要求。

26.1.1.2 规划控制——间距

车站建筑间距，应综合考虑采光、通风、规划、消防、管线埋设、卫生等要求确定。

1. 防火间距

详见防火设计。

2. 视线间距

应满足当地规划部门对视线间距的最小控制要求。

26.1.2 道路

道路设计要求（针对车辆基地）

表 26.1.2-1

道路	安全设计要求	规范依据
时速	按运营管理要求	

续表

道路		安全设计要求			规范依据
路宽	单车道路路面	5～7m			广州市轨道交通相关总体技术要求
	双车道路路面	9～12m			
长度	尽端式道路＞120m时	应在尽端设不小于12m×12m的回车场地			参照《城市居住区规划设计规范》GB 50180—93（2002年版）第8.0.5.5条
坡度	机动车道	≥0.2（最小）	≤8（最大），L≤200	≤5（最大），L≤600（多雪严寒地区）	《民用建筑设计通则》GB 50352—2005第5.3.1条
	非机动车道	≥0.2（最小）	≤3（最大），L≤50	≤2（最大），L≤100（多雪严寒地区）	
	步行道	≥0.2（最小）	≤8（最大）	≤4（最大）（多雪严寒地区）	
出入口数量		不少于2个与外界道路相连通出入口			《民用建筑设计通则》GB 50352—2005第4.1.6条3

续表

道路	安全设计要求	规范依据
与城市道路相接时	其交角不宜小于75°	参照《城市居住区规划设计规范》GB 50180—93（2002年版）第8.0.5.2条
	坡度较大时，应设缓冲段	
地震烈度不低于六度的地区	主要道路路面采用柔性路面	参照《城市居住区规划设计规范》GB 50180—93（2002年版）第8.0.5.7条
多雪严寒的山坡地区	基地内道路路面应考虑防滑措施	
山区和丘陵地区	车行与人行宜分开设置自成系统	参照《城市居住区规划设计规范》GB 50180—93（2002年版）第8.0.4条
	路网格式应因地制宜	
	主要道路宜平缓，路面可酌情缩窄，但应安排必要的排水边沟和会车位	

道路边缘至建、构筑物最小距离（m） **表26.1.2-2**

	车辆基地道路	规范依据
建筑物面向道路	3.0～5.0	参照《城市居住区规划设计规范》GB 50180—93（2002年版）第8.0.5.8条
建筑物山墙面向道路	2.0～4.0	
围墙面向道路	1.0～1.5	

26.1.3 竖向

各种场地适合的坡度　　表 26.1.3-1

<table>
<tr><th colspan="2">场地名称</th><th>适用坡度</th><th>规范依据</th></tr>
<tr><td colspan="2" rowspan="2">密实性地面和广场</td><td>0.3～3.0</td><td rowspan="6">参照《城市居住区规划设计规范》GB 50180—93（2002 年版）第 9.0.2.2 条</td></tr>
<tr><td>0.2～0.5</td></tr>
<tr><td colspan="2">广场兼停车场</td><td>0.3～2.5</td></tr>
<tr><td rowspan="2">室外地面</td><td>运动场</td><td>0.3～2.9</td></tr>
<tr><td>杂用场地</td><td>0.5～1.0</td></tr>
<tr><td colspan="2">湿陷性黄土地面</td><td>0.5～0.7</td></tr>
</table>

用地工程防护措施　表 26.1.3-2

<table>
<tr><th>条件</th><th>部位</th><th>防护措施</th><th>规范依据</th></tr>
<tr><td>台地高差＞1.5m</td><td>挡土墙/护坡顶（坡比值＞0.5）</td><td>加设安全防护设施</td><td rowspan="4">参考《住宅建筑规范》GB 50368—2005 第 4.5.2 条</td></tr>
<tr><td rowspan="2">台地高差＞2.0m</td><td>挡土墙/护坡上缘</td><td>与建筑及车站间的水平距离≥3m</td></tr>
<tr><td>挡土墙/护坡下缘</td><td>与建筑及车站间的水平距离≥2m</td></tr>
<tr><td colspan="3">土质护坡坡比值不应大于 0.5</td></tr>
</table>

26.1.4 工程管线

管线避让原则：临时管线避让永久管线；小管线避让大管线；压力管线避让重力自流管线；

可弯曲管线避让不可弯曲管线。

各种管线之间最小水平距离（m）　表 26.1.4-1

管线名称		给水	排水	燃气管			热力	电力电缆	电信电缆	电信管道
				低压	中压	高压				
排水		1.5	1.5	—	—	—	—	—	—	—
燃气管	低压	0.5	1.0	—	—	—	—	—	—	—
	中压	1.5	1.5	—	—	—	—	—	—	—
	高压	1.5	2.0	—	—	—	—	—	—	—
热力		1.5	1.5	1.0	1.5	2.0	—	—	—	—
电力电缆		0.5	0.5	0.5	1.0	1.5	2.0	—	—	—
电信电缆		1.0	1.0	0.5	1.0	1.5	1.0	0.5	—	—
电信管道		1.0	1.0	1.0	1.0	2.0	1.0	1.2	0.2	—

各种管线之间最小垂直距离（m）　表 26.1.4-2

管线名称	给水	排水	燃气管	热力	电力电缆	电信电缆	电信管道
给水	0.15	—	—	—	—	—	
排水	0.40	0.15	—	—	—	—	
燃气	0.15	0.15	0.15	—	—	—	—
热力	0.15	0.15	0.15	0.15	—	—	—
电力电缆	0.15	0.50	0.50	0.50	0.50	—	—
电信电缆	0.20	0.50	0.50	0.15	0.50	0.25	0.25
电信管道	0.10	0.15	0.15	0.15	0.50	0.25	0.25
明沟沟底	0.50	0.50	0.50	0.50	0.50	0.50	0.50

续表

管线名称	给水	排水	燃气管	热力	电力电缆	电信电缆	电信管道
涵洞基地	0.15	0.15	0.15	0.15	0.50	0.20	0.25
铁路轨底	1.00	1.20	1.00	1.20	1.00	1.00	1.00

各种管线与建筑、构筑物之间最小水平距离（m）　表 26.1.4-3

<table>
<tr><th colspan="2" rowspan="2">管线名称</th><th rowspan="2">建筑物基础</th><th colspan="3">地上杆柱（中心）</th><th rowspan="2">铁路（中心）</th><th rowspan="2">城市道路侧石边缘</th><th rowspan="2">公路边缘</th></tr>
<tr><th>通信、照明＜10kV</th><th>≤35kV</th><th>＞35kV</th></tr>
<tr><td colspan="2">给水</td><td>3.0</td><td>0.5</td><td colspan="2">3.0</td><td>5.0</td><td>1.5</td><td>1.0</td></tr>
<tr><td colspan="2">排水</td><td>2.5</td><td>0.5</td><td colspan="2">1.5</td><td>5.0</td><td>1.5</td><td>1.0</td></tr>
<tr><td rowspan="3">燃气管</td><td>低压</td><td>1.5</td><td rowspan="3">1.0</td><td rowspan="3">1.0</td><td rowspan="3">5.0</td><td>3.75</td><td>1.5</td><td>1.0</td></tr>
<tr><td>中压</td><td>2.0</td><td>3.75</td><td>1.5</td><td>1.0</td></tr>
<tr><td>高压</td><td>4.0</td><td>5.0</td><td>2.5</td><td>1.0</td></tr>
<tr><td colspan="2" rowspan="2">热力</td><td>直埋 2.5</td><td rowspan="2">1.0</td><td rowspan="2">2.0</td><td rowspan="2">3.0</td><td rowspan="2">3.75</td><td rowspan="2">1.5</td><td rowspan="2">1.0</td></tr>
<tr><td>地沟 0.5</td></tr>
<tr><td colspan="2">电力电缆</td><td>0.6</td><td>0.6</td><td>0.6</td><td>0.6</td><td>3.75</td><td>1.5</td><td>1.0</td></tr>
<tr><td colspan="2">电信电缆</td><td>0.6</td><td>0.5</td><td>0.6</td><td>0.6</td><td>3.75</td><td>1.5</td><td>1.0</td></tr>
<tr><td colspan="2">电信管道</td><td>1.5</td><td>1.0</td><td>1.0</td><td>1.0</td><td>3.75</td><td>1.5</td><td>1.0</td></tr>
</table>

各种管线与建筑、构筑物之间最小水平距离（m）　　表 26.1.4-4

管线名称	最小水平净距	
	乔木（至中心）	灌木
给水管、闸井	1.5	1.5
污水管、雨水管、探井	1.5	1.5
燃气管、探井	1.2	1.2
电力电缆、电信电缆	1.0	1.0
电信管道	1.5	1.0
热力管	1.5	1.5
地下杆柱（中心）	2.0	2.0
消防龙头	1.5	1.2
道路侧石边缘	0.5	0.5

26.2 防灾、避难设计

<table>
<tr><th>防灾类型</th><th>避难措施</th><th>规范依据</th></tr>
<tr><td>防火</td><td>详防火（消防）设计</td><td rowspan="3">广州市轨道交通相关总体设计要求</td></tr>
<tr><td>防水</td><td>地下结构以主体结构自防水为主，铺以附加柔性防水层防水，其中车站及人行通道结构防水等级为一级，区间隧道及风道结构防水等级为二级</td></tr>
<tr><td>防污染</td><td>详防污染设计</td></tr>
</table>

续表

防灾类型	避难措施	规范依据
抗震	抗震设防烈度为6度及以上地区的地铁工程，必须进行抗震设计，其抗震设防类别应为重点设防类（乙类）	广州市轨道交通相关总体技术要求
防洪	防洪按100年一遇的洪水水位设计，并按最高水位进行检算	
防空	按国家及地方人防部门的有关规定结合地铁工程建设防空地下室，并应遵循平战结合的原则，与城市地下空间规划相结合，统筹安排	
其他	地铁工程设计应采取防火灾、地震、水淹、风暴、冰雪、雷击、杂散电流腐蚀等灾害的措施。车站主体结构应采取防杂散电流腐蚀的措施	

26.2.1 防火（消防）设计

26.2.1.1 建筑类别、耐火等级

1. 建筑类别

建筑类别	建筑高度	规范依据
车辆基地建筑	包括车辆段（停车场）、综合维修中心、物资总库、培训中心、综合楼和其他配套设施。除综合楼外，其他建筑高度一般小于24m	广州市轨道交通相关总体技术要求
地面及高架车站	建筑高度一般不大于24m	
地下车站	地下埋深一般不小于3m，层数为地下1至5层不等	

2. 耐火等级

建筑类别	耐火等级	规范依据
车辆基地建筑	根据使用功能确定（其中停车列检库的火灾危险性分类定为戊类）	《建筑设计防火规范》GB 50016—2014 第3.1.1条
地面及高架车站	不低于二级	《建筑设计防火规范》GB 50016—2014 第5.1.3条
地下车站	一级	
控制中心	一级	《地铁设计规范》GB 50157—2013

26.2.1.2 防火间距

建筑类别		高层建筑	地面及高架车站和其他民用建筑（含车辆基地建筑）			规范依据
		一、二级	一、二级	三级	四级	
地面及高架车站和其他民用建筑（含车辆基地建筑）	一、二级	9	6	7	9	参照《建筑设计防火规范》GB 50016—2014 第5.2.2条
	三级	11	7	8	10	
	四级	14	9	10	12	
高层建筑	一、二级	13	9	11	14	

注：地下车站与其他建筑地下室间距根据相关规划及现场具体情况确定。

出入口、风亭、冷却塔与规划道路、建筑物距离表　　表 26.2.1.2-1

间距类别		距离要求	规范依据
退缩道路红线	规划道路宽≥60m	10m	参照广州当地规划部门要求
	规划道路宽<60m	5m	
防火间距	民用建筑一、二级	6m	《建筑设计防火规范》GB 50016—2014 第 5.2.2 条
	民用建筑三级	7m	
	民用建筑四级	9m	
	高层建筑	9m	
	高层建筑裙房	6m	
	汽车加油站		《汽车加油加气站设计与施工规范》GB 50156—2002
	高压电塔		《城市电力规划规范》GB 502932

出入口、风亭、冷却塔之间控制距离表

表 26.2.1.2-2

	新风亭	排风亭	活塞风亭	出入口	冷却塔	紧急疏散口	规范依据
新风亭	/	10	10	/	10	/	《地铁设计规范》GB 50157—2013 第9.6.2、9.6.3、9.6.4、9.6.5、9.6.6、9.6.7条及广州市轨道交通相关总体技术要求
排风亭	10	/	5	10	5	5	
活塞风亭	10	5	/	10	5	5	
出入口	5	10	10	/	10	/	
冷却塔	10	/	10	10	/	10	
紧急疏散口	/	5	5	/	5	/	

26.2.1.3 平面布置与防火分隔

当在同一建筑物内设置两种或两种以上使用功能的场所时，例如车站与商业或车辆基地（厂房）与上盖开发组合建造，不同使用功能区或场所之间需要进行防火分隔，以保证火灾不会相互蔓延。相关分隔要求要符合建规及国家其他有关标准的规定，并应单独划入防火分区。

防火分隔部位	分隔措施	规范依据
车辆基地（厂房）与上盖开发	应采用无门、窗、洞口的防火墙和耐火极限不低于3.00h的不燃性楼板完全分隔	均参照《建筑设计防火规范》GB 50016—2014有关条款执行
	安全出口和疏散楼梯应分别独立设置	
	安全疏散、防火分区和室内消防设施配置，可根据各自的建筑高度分别按照建规有关规定执行	
	该建筑的其他防火设计应根据建筑的总高度和建筑规模按建规有关公共建筑的规定执行	
车站与商业功能之间	应采用耐火极限≥3.00h且无门、窗、洞口的防火隔墙和≥1.50h的不燃性楼板完全分隔	
	安全出口和疏散楼梯应分别独立设置	
车站建筑内附设汽车库的电梯	应在汽车库部分设置电梯候梯厅，并应采用耐火极限不低于3.00h的防火隔墙和甲级防火门与汽车库分隔	
附属库房、附设在车站建筑内的机动车库	应采用耐火极限不低于3.00h的防火隔墙与其他部位分隔，墙上的门、窗应采用甲级防火门、窗，确有困难时，可采用特级防火卷帘	

续表

<table>
<tr><th>防火分隔部位</th><th colspan="2">分隔措施</th><th>规范依据</th></tr>
<tr><td rowspan="3">地下换乘车站公共区</td><td>上下层平行站台换乘，车站下层站台穿越上层站台时，穿越部分上下站台联络梯处</td><td rowspan="3">分隔措施按不同防火分区的分隔要求。</td><td rowspan="3">《城市轨道交通技术规范》GB 50490—2009 第 7.3.18 条</td></tr>
<tr><td>多线同层站台平行换乘车站的站台与站台之间</td></tr>
<tr><td>多线点式换乘车站的换乘通道或换乘梯</td></tr>
<tr><td>地下车站重要电气设备房间</td><td colspan="2">采用耐火极限不低于 3h，楼板耐火极限不低于 2h 的隔墙分隔，隔墙上的门采用 A 类隔热防火门</td><td rowspan="3">广州市轨道交通相关总体技术要求</td></tr>
<tr><td>区间联络通道</td><td colspan="2">两端应设 A 类隔热甲级防火门</td></tr>
<tr><td>车站内不同防火分区</td><td colspan="2">相邻防火分区之间应采用耐火极限不低于 4h 的防火墙和 A 类隔热防火门分隔，在防火墙设有观察窗时采用 C 类甲级防火玻璃</td></tr>
</table>

26.2.1.4 防火分区与安全疏散

1. 防火分区

车站类别	耐火等级	防火分区最大允许面积(m^2)	备注	规范依据
地下车站	一	1500（设备区）	单线车站及双线换乘车站公共区按不>5000m^2，三线（8A）换乘不>10000m^2	暂无正式规范条文
地面及高架车站	一	2500（设备区）		《建筑设计防火规范》GB 50016—2014 第5.3.1条

2. 防烟分区

车站位置	防烟分区最大允许面积(m^2)	备注	规范依据
站厅、站台公共区	不宜>2000m^2	车站公共区应充分利用顶板楼板下混凝土梁划分防烟分区，梁高度≥500mm，无条件采用梁分隔时，应采用固定式挡烟垂壁，站台公共区的楼梯、扶梯、电梯开孔处和站厅的人行通道口采用固定式挡烟垂壁进行防烟分隔	广州市轨道交通相关总体设计技术要求
设备及管理用房区	不宜>750m^3		

3. 安全疏散

(1) 安全出口与疏散楼梯

车站类别	设置要求	规范依据
一般规定	相邻两个安全出口以及每个房间相邻两个疏散门最近边缘之间的水平距离不应小于 5m	《建筑设计防火规范》GB 50016—2014 第 5.5.2、6.6.4 条
	连接两座高架或地面车站的天桥、连廊，应采取防止火灾在两座建筑间蔓延的措施。当仅供通行的天桥、连廊采用不燃材料且高架或地下通向天桥、连廊的出口符合安全出口的要求时，该出口可作为安全出口	
	车站每个站厅公共区安全出入口数量应经计算确定，每站人行通道数量远期一般不少于 3 个，近（初）期至少要有 2 个独立出入口能直通地面，并保证每个站厅至少要有 2 个独立出入口能直通地面	《地铁设计规范》GB 50157—2013 第 28.2.3 条
	当出入口同方向设置时，两个出入口间的净距不应小于 10m	
	地下单层侧式站台车站，每侧站台安全出口数量应经计算确定，且不应少于 2 个直通地面的安全出口	

续表

车站类别	设置要求	规范依据
一般规定	地下车站的设备房与管理用房区域安全出口数量不应少于2个，其中有人值守的防火分区应有1个安全出口直通地面，无人值守的设备和管理用房区域应至少设置一个与相邻防火分区相通的防火门作为安全出口	《地铁设计规范》GB 50157—2013 第28.2.3条
	安全出口应分散设置，当同方向设置时两个安全出口通道口部之间净距不应少于10m	
	竖井、爬梯、电梯、消防专用通道以及设在两式站台之间的过轨通道不应作为安全出口	
	地下换乘车站的换乘通道不应作为安全出口	

(2) 疏散平台

地下区间疏散平台

1) 疏散平台应满足区间隧道火灾、停车事故等灾害环境下乘客的安全疏散。

2) 疏散平台设置在正线区间行车方向的左侧。盾构区间疏散平台宽度不小于600mm，明挖、暗挖区间疏散平台宽度不小于800mm。

3) 平台面上高度2000mm范围为人员疏散区

域，不能安装其他系统设备、电缆等。

4）疏散平台边缘距线路中心线的距离及平台面到轨面的距离必须满足限界专业要求，疏散平台所有结构件安装后严禁侵入设备限界。

5）疏散平台应在线路调线调坡轨道施工完后再测量施工。

6）疏散平台支架沿隧道纵向布置，在疏散平台上方靠隧道壁侧设置疏散平台扶手，扶手应沿疏散平台、平台步梯内侧连续布置（区间联络通道处断开），方便乘客疏散。

7）考虑隧道活塞风作用，疏散平台踏板及疏散平台支架间必须进行可靠连接。

8）在疏散平台设置的起点、终点必须设置疏散步梯，疏散步梯最高一级踏步面应与疏散平台面在同一水平面上。

9）疏散平台及疏散步梯踏板面要求防滑。

10）疏散平台设置范围为全线所有轨行区（不包括车站站台板段），配线、区间人防门、防淹门等地段疏散平台无法连续，做断开处理，并设置疏散步梯下至道床混凝土面。未设人防门、防淹门的岛式车站端疏散平台应与此车站站台板相连接，并做好标高衔接的处理；当岛式车站端设置人防门、防淹门/配线等情况及侧式车站，平台无法与相邻车站站台板相连接时，平台作断开处理，并在主体结构外5m处设置平台步梯及疏散平台。在人防隔断门段，步梯第一级设在加宽段起、止点；对于未设置人防门或防淹门的车站一侧疏散平台应与车站站台相连接。

11）区间疏散平台与车站站台相连接时，车站应预留畅通的疏散通道，且疏散通道宽度必须≥600mm。

12）在浮置板道床地段禁止在道床板上安装结构构件，不得采用立柱形式的疏散平台及步梯。

13）隧道内疏散平台宜与其他疏散指示设备配套使用。

地面疏散平台

1）地面疏散平台起到连接地下与高架疏散平台的作用，同时还必须满足火灾等意外情况下乘客的安全疏散。

2）地面设置的疏散平台支撑系统直接立于路面，对地质较差的路面结构应进行适当处理后才能作为支撑系统的基础，支撑系统的设置必须保证疏散平台安装后的使用安全。

3）疏散平台宽度不小于600mm。疏散平台边缘距线路中心线的距离及平台面到轨面的距离必须满足限界专业的要求，疏散平台所有构件安装后均不能侵入设备限界，不影响过轨或地面管线的敷设。

4）地面疏散平台应尽量与地下和高架段疏散平台贯通设置，若因其他系统设备安装等情况必须断开，则须在疏散平台的起、终点设置疏散步梯下至地面，保证疏散的顺畅。

5）地面疏散平台结构件必须满足强度、刚度、防腐性、耐久性等要求，同时应注意室外日照、雨水等气候环境对平台各项性能的影响。

（3）疏散楼梯

车站位置	设置要求	规范依据
设备及管理用房	一般情况下采用封闭楼梯间。 当室内地面与室外出入口地坪高度大于 10m 或 3 层及以上的地下部分，采用防烟楼梯间	参照《建筑设计防火规范》GB 50016—2014
公共区通向地面的出入口	一般情况下采用敞开式楼梯设置（室内地坪离地面高度不大于10m）	广州市轨道交通相关总体技术要求
车辆基地建筑	按《建筑设计防火规范》GB 50016—2014 相关要求处理	参照《建筑设计防火规范》GB 50016—2014
区间隧道中间风井	井内或就近设置直通地面防烟楼梯	广州市轨道交通相关总体技术要求

（4）走道的房间门至最近安全出口的直线距离（m）

<table>
<tr><td rowspan="2">车站类别</td><td>位于两个安全出口之间的疏散门</td><td>位于袋形走道两侧或尽端的疏散门</td><td rowspan="2">规范依据</td></tr>
<tr><td>一、二级</td><td>一、二级</td></tr>
<tr><td>车辆基地建筑</td><td>40</td><td>22</td><td rowspan="3">参照《建筑设计防火规范》GB 50016—2014 第 5.5.17 条</td></tr>
<tr><td colspan="3">房间内任一点至房间直通疏散走道的疏散门的直线距离，不应大于表中规定的袋形走道两侧或尽端的疏散门至最近安全出口的直线距离</td></tr>
<tr><td colspan="3">楼梯间应在首层直通室外，或在首层采用扩大的封闭楼梯间或防烟楼梯间前室。层数不超过 4 层时，可将直通室外的门设置在离楼梯间不大于 15m 处</td></tr>
<tr><td>设备与管理用房区</td><td>40</td><td>22</td><td>参照《建筑设计防火规范》GB 50016—2014 第 5.5.17 条</td></tr>
<tr><td>地下出入口通道</td><td colspan="2">长度不大于 100m</td><td>《地铁设计规范》GB 50157—2013 第 28.2.10.4 条</td></tr>
<tr><td>车站公共区</td><td colspan="2">站台和站厅公共区内任一点与安全出口疏散距离不得大于 50m</td><td>《地铁设计规范》GB 50157—2013 第 28.2.7 条</td></tr>
</table>

26.2.1.5 外墙上下层开口和外保温系统

设置部位	设置要求	规范依据
地面及高架车站、车辆基地建筑	高度不小于1.2m的实体墙或挑出宽度不小于1.0m、长度不小于开口宽度的防火挑檐	参照《建筑设计防火规范》GB 50016—2014第6.2.5、6.2.6条
	当室内设置自动喷水灭火系统时，上、下层开口之间的实体墙高度不应小于0.8m	
	当上、下层开口之间设置实体墙确有困难时，可设置防火玻璃墙	
建筑幕墙	应在每层楼板外沿处采取符合建规规定的防火措施	
	幕墙与每层楼板、隔墙处的缝隙应采用防火封堵材料封堵	

外墙外保温系统要求

外墙外保温系统类型	建筑高度/场所	A级	B1级	B2级	规范依据
无空腔的建筑外墙外保温系统	地面及高架车站、车辆基地建筑	宜采用	可采用，每层设防火隔离带	可采用，每层设防火隔离带，建筑外墙上的门、窗的耐火完整性不应小于0.5h	参照《建筑设计防火规范》GB 50016—2014相关条款

续表

外墙外保温系统类型	建筑高度/场所	A级	B1级	B2级	规范依据
有空腔的建筑外墙外保温系统	人员密集场所	应采用	不允许	不允许	参照《建筑设计防火规范》GB 50016—2014相关条款

屋面外保温系统要求

<table>
<tr><th>屋面板耐火极限</th><th>保温材料</th><th>防护层要求</th><th>规范依据</th></tr>
<tr><td>≥1.00h</td><td>不应低于B2</td><td rowspan="2">不燃材料厚度≥10mm</td><td rowspan="3">参照《建筑设计防火规范》GB 50016—2014相关条款</td></tr>
<tr><td><1.00h</td><td>不应低于B1</td></tr>
<tr><td colspan="3">当建筑的屋面和外墙外保温系统均采用B1、B2级保温材料时，屋面与外墙之间应采用宽度不小于500mm的不燃材料设置防火隔离带进行分隔</td></tr>
</table>

26.2.2 防污染设计

26.2.2.1 防声污染设计

1. 环境噪声应满足下列要求：

地上线线路两侧、车辆段四周、地下线车站、车站风亭、冷却塔周边敏感建筑物的噪声标准需执行以下标准。

噪声超标区段必须根据《环评报告》的要求采取必要的降噪措施。

地点	适用范围	标准 dB(A)（等效声级）		备注	规范依据
		昼间	夜间		
车辆段	居住、商业、工业混合区	60	50	对于背景噪声已超标地段，运营后敏感建筑物的声环境质量基本没有进一步恶化	工业企业厂界环境噪声排放标准 GB 12348—2008
地面段	医院、学校、养老院	60	50		国家环境保护总局环发［2003］94号文
	其他建筑物	70	55		
	交通干线道路两侧	70	55		声环境质量标准 GB 3096—2008
风亭噪声	一类区	55	45		声环境质量标准 GB 3096—2008
	二类区	60	50		
	交通干线道路两侧	70	55		
地下车站	车站站台	80		列车进站	《城市轨道交通车站站台声学要求和测量方》GB 14227—2006
		80		列车出站	

车站站厅站台：　≤70dB(A)

通风与空调机房：≤90dB(A)

设备与管理用房：≤60dB(A)

2. 振动环境应满足下列要求：

车辆段四周、地下线上部敏感建筑物执行以下环境振动标准，振动超标区段应根据《环评报告》的要求采取必要的减振措施。

地点	适用范围	标准值单位（dB）			规范依据
		昼间	夜间		
车辆段地面段	混合、商业、工业混合区	75	72	铅垂向Z级振动	《城市区域环境振动标准》GB 10070—1988
	交通干线道路两侧				
地下段	居住、文教区	70	67	铅垂向Z级振动	《城市区域环境振动标准》GB 10070—1988
	交通干线道路两侧	75	72		

风亭、冷却塔与敏感建筑控制距离表

区域类别	区域名称	控制距离（m）
1	居住、医院、文教区、行政办公	25～50
2	居住、商业、工业混合区	15～30

续表

区域类别	区域名称	控制距离（m）
3	交通干线两侧	≥15

说明：1. 控制距离单位为（m），应按装修完成面的外边线控制。
2. 表中敏感建筑指的是医院、学校、住宅等需保持安静的建筑，根据《声环境质量标准》GB 3096—2008，按环境质量要求分为四类区域。
3. 新风亭设置于绿化带（四周 3m 宽）内时，风亭下边缘距地面不小于 1m，否则不应低于 2m。
4. 高排风亭及活塞风亭的开口部位朝向应避开敏感建筑。
5. 新、排风亭风口在满足距离要求的前提下还应错开方向布置，或者在竖向上保证不小于 5m 的间距要求。

26.2.2.2 防光污染设计

国家暂无相关规范要求。

26.2.2.3 防空气污染设计

空气质量应满足下列要求：

车站站台、站厅及车站附属设备管理用房以及车辆段内的办公及设备用房应执行《环境空气质量标准》GB 3095—2012、《公共交通等候室卫生标准》GB 9672—1996 以及《广东省大气污染物排放限值》DB 4427—2001 第二时段二级标准。空气质量指标均应达到国家、地方标准，其中二氧化碳浓度≤1.5‰，可吸入颗粒物的日平均浓度＜0.25mg/m³。

风亭等排风口应注意避开环境敏感点，风口高度不要处在行人呼吸带范围。空气质量超标的应设空气净化措施。

车辆段食堂油烟气采取油烟净化装置处理、集气罩，排气筒出口朝向应避开及尽量远离敏感建筑物，排气筒应预留有监测孔。

油烟允许排放浓度和去除效率

规模	小型	中型	大型
最高允许排放浓度（mg/m^3）	2.0		
净化设施最低去除效率（%）	60	75	85

26.2.2.4 防水体污染及其他

水环境应满足下列要求：

车站以及车辆段内生活污水和生产废水的排放均应满足《广东省水污染物排放限值》的生活污水及生活废水的三级标准。

26.2.2.5 车辆基地环保设计要求

1）段址的选择应与城市规划配合，减轻对城市环境的影响。

2）工艺设计应积极采用无毒或低毒的原料和无污染或少污染的加工方法。动力、蓄电池检修等对环境影响较严重的车间，应相对集中设置，在工艺过程中把污染物（源）控制在最低限度。

3）工艺设计应贯彻节约用水原则，采取重复利用、一水多用措施，减少废水排放量。各种有毒、有害的冲洗水，应设有相应的集水设施或纳入处理系统，不得漫流与任意排放。对产生有毒、有害气体、粉尘等，必须设置净化除尘系统。

4）对废渣（液）的处理，应视具体情况，择优采用处理方案，并考虑予以回收和综合利用，对废弃物应采取无害化堆置、埋填、焚烧等处理措施。

5）车辆洗刷的废渣、污泥等应有妥善的处置，以防污染环境。

6）生产废水中对含有油类、铁屑、泥沙、悬浮物、洗涤泡沫等（并有偏酸或偏碱的可能）必须先行预处理，达到国家和广东省规定的排放标准后，方能排入市政污水系统。

7）生活污水经化粪池处理达标后排入城市排水系统。

8）车辆段建成后，根据影响情况，采取适当的控制措施，如在厂界修建围墙或声屏障等措施。

9）采取适当的控制措施减少上盖建筑物与车辆段的相互影响。

10）车辆段生产时产生的振动、噪声需满足上盖建筑物振动、噪声的限值要求。

26.2.2.6 防水淹

1）以地下线路形式穿越河流或湖泊等水域的地铁工程，应在进出水域的两端适当位置设置防淹门，为便于检修和保养，一般与车站结合设置。

2）防淹门类型主要采用平面滑动式闸门和人字闸门两种。根据车站结构形式，优先采用平面滑动式闸门。

26.3 建筑

26.3.1 无障碍设计

<table>
<tr><th colspan="2">无障碍设计的部位</th><th>要求</th><th>规范依据</th></tr>
<tr><td colspan="2">出入口通道及附属小广场</td><td>与城市道路无障碍设施相连接</td><td rowspan="9">参照《无障碍设计规范》GB 50763—2012相关条款</td></tr>
<tr><td rowspan="8">车站公共区</td><td>车站出入口</td><td>设台阶时，应同时设有轮椅坡道和扶手</td></tr>
<tr><td>入口平台</td><td>宽度不应小于 2.00m</td></tr>
<tr><td>候梯厅</td><td>净宽不应小于 1.80m</td></tr>
<tr><td>公共走道</td><td>净宽不应小于 3.50m</td></tr>
<tr><td>公共区及出入口楼梯</td><td>应按无障碍楼梯设置并设置楼梯升降机或无障碍电梯</td></tr>
<tr><td>站内厕所</td><td>按无障碍厕所设置</td></tr>
<tr><td>出入口及站内电梯</td><td>按无障碍电梯设置</td></tr>
</table>

注：车站公共区按《无障碍设计》相关要求设置地面导盲带。

26.3.2 出入口及门厅

防护位置	防护措施	规范依据
车站出入口台阶高度超过 0.7m 并侧面临空时	应设防护设施，防护设施净高不应低于 1.05m	广州市轨道交通相关总体技术要求
车站出入口位于建筑物的下部时	建议采取防止物体坠落伤人的安全措施（规范无明确规定）	
车站出入口台阶宽度大于 1.8m 时	两侧宜设栏杆扶手，高度应为 0.9m	

26.3.3 台阶、楼梯、坡道、电梯等

台阶、楼梯

部位	设计要求				规范依据
	宽	高	步数	其他	
台阶	不宜小于 0.30m	不宜大于 0.15m，并不宜小于 0.10m	不应小于 2 级	踏步高度应均匀一致，并应采取防滑措施。室内、外台阶高差不及 2 级时，应按坡道设置	《民用建筑设计通则》GB 50352—2005 第 6.6.1 条

续表

<table>
<tr><th colspan="2" rowspan="2">部位</th><th colspan="4">设计要求</th><th rowspan="2">规范依据</th></tr>
<tr><th>宽</th><th>高</th><th>步数</th><th>其他</th></tr>
<tr><td rowspan="4">楼梯</td><td>梯段</td><td colspan="3">净宽单向楼梯≥1.8m，双向楼梯≥2.4m，净高2.3m</td><td rowspan="4">楼梯栏杆垂直杆件间净空不应大于0.11m。</td><td rowspan="4">广州市轨道交通相关总体技术要求</td></tr>
<tr><td>平台</td><td colspan="3">净宽不应小于1.2m（剪刀梯时不应小于1.3m）且不应小于梯段；净高2.0m</td></tr>
<tr><td>踏步</td><td>不宜小于0.30m</td><td>不宜大于0.15m</td><td>3～18级</td></tr>
<tr><td>扶手</td><td colspan="3">高度不应小于0.9m</td></tr>
<tr><td rowspan="3">室外疏散楼梯</td><td>梯段</td><td colspan="3">净宽不小于0.9m</td><td rowspan="3">除疏散门外，楼梯周围2m内的墙面上不应设置门、窗、洞口。疏散门不应正对梯段</td><td rowspan="3">《建筑设计防火规范》GB 50016—2014第6.4.5条</td></tr>
<tr><td>倾斜</td><td colspan="3">不得大于45°</td></tr>
<tr><td>扶手</td><td colspan="3">高度不应小于1.10m</td></tr>
</table>

坡道

<table>
<tr><th rowspan="2">部位</th><th colspan="4">设计要求</th></tr>
<tr><th>坡度</th><th>坡长</th><th>坡高</th><th>其他</th></tr>
<tr><td rowspan="5">坡道</td><td>1∶20</td><td>30m</td><td>1.5m</td><td rowspan="5">室内坡道水平投影长度到达15m时，应设平台</td></tr>
<tr><td>1∶16</td><td>16m</td><td>1m</td></tr>
<tr><td>1∶12</td><td>9m</td><td>0.75m</td></tr>
<tr><td>1∶10</td><td>6m</td><td>0.6m</td></tr>
<tr><td>1∶8</td><td>2.8m</td><td>0.35m</td></tr>
<tr><td>扶手</td><td colspan="4"></td></tr>
</table>

26.3.4 临空处

防护位置	防护措施
车站出入口台阶高度超过 0.7m 并侧面临空时	应设防护设施，防护设施净高不应低于 1.05m
天桥、站内楼扶梯开口及上人屋面等临空处	栏杆净高不应低于 1.10m
	栏杆应防止儿童攀登
	垂直杆件间净空不应大于 0.11m

栏杆

部位及设施	防护要求
防护栏杆	应以坚固、耐久的材料制作，并能承受荷载规范规定的水平荷载
	栏杆高度不应低于 1.10m 栏杆底部有宽度≥0.22m 且高度≤0.45m 的可踏部位，应从可踏部位顶面起计算
	离地面 0.10m 高度内不应留空，高层建筑宜采用实体栏板，玻璃栏板应用安全夹层玻璃
	必须采用防止少年儿童攀登的构造
	垂直杆件间净空不应大于 0.11m

栏杆及扶手安全高度

栏杆（扶手）	适用场所	高度（m）
防护栏杆	天桥、站内楼扶梯开口、天面等临空处	不应低于 1.10m

续表

栏杆（扶手）	适用场所	高度（m）
楼梯栏杆(水平段不小于 500)	车站公共区	不应低于 1.10m
楼梯扶手	车站公共区	不应低于 0.9m
室外楼梯栏杆（扶手）	车站通道出入口	不应低于 1.10m
供残疾人使用的扶手	坡道、楼梯、走廊等的下层扶手	0.65m
	坡道、楼梯、走廊等的上层扶手	0.9m

26.3.5 楼地面

1）车站公共区站台沿站台门设置不少于900mm宽的绝缘地板。

2）车站通道纵坡不应大于5%，当纵坡大于5%时，地坪装饰材料面应采取防滑构造措施。

3）站台须设置内嵌，防滑的候车黄色安全线和上下车指示箭头。

4）自站台门边缘向内2m宽度范围内的地坪装饰面下应做绝缘层。

5）石材地面疏散指示牌应做防水处理。

6）站前广场铺设与周边人行道连接的导盲道、盲道接至站内。

26.3.6 有水房间防水设计

防护位置	防护措施	规范依据
卫生间、消防泵房、冷水机组、淋浴间、保洁工具间	不应直接布置在通信、信号、变配电等有严格卫生要求或防水、防潮要求用房的上层	广州市轨道交通相关总体技术要求
	地面应有防水构造	

26.3.7 地下室与附属用房

防护位置	防护措施	规范依据
地下室、半地下室	应采取防水、防潮及通风措施，采光井应采取排水措施	广州市轨道交通相关总体技术要求
地下机动车库	库内坡道严禁将宽的单车道兼作双向车道	
	库内不应设置修理车位，并不应设有使用或存放易燃、易爆物品的房间	
地下车站	严禁布置存放和使用火灾危险性甲、乙类物品的商店、车间和仓库，并不应布置产生噪声、振动和污染环境卫生的商店、车间和娱乐设施	
	不应布置易产生油烟的餐饮店，当住宅底层商业网点布置有产生刺激性气味或噪声的配套用房，应做排气、消音处理	

续表

防护位置	防护措施	规范依据
地下车站	不宜设置水泵房、冷热源机房、变配电机房等公共机电用房，并不宜贴邻布置。在无法满足上述要求贴临设置时，应增加隔声减震处理	广州市轨道交通相关总体技术要求

26.4　结构

<table>
<tr><th>类别</th><th>技术要求</th><th>规范依据</th></tr>
<tr><td>使用年限</td><td>不应低于100年（使用期间可以更换且不影响运营的次要结构构件使用年限可为50年）</td><td rowspan="4">广州市轨道交通相关总体技术要求</td></tr>
<tr><td>安全等级</td><td>主体结构和使用期间不可更换的结构构件，安全等级为一级，重要性系数1.1。
使用期间可以更换且不影响运营的次要结构构件，安全等级为二级，重要性系数1.0。临时结构宜根据其使用性质的结构特点确定其使用年限</td></tr>
<tr><td>抗震设防烈度6度及以上</td><td>必须进行抗震设计，设防类别不应低于乙级</td></tr>
<tr><td colspan="2">重力荷载、雪荷载、风荷载、地震作用的设计基准期不应低于相应使用年限（50年/100年）</td></tr>
</table>

26.5 设备公共安全设计

类别	技术要求	规范依据
任何给水管、消防水管、冷冻水管、冷却水管	严禁穿越强电设备房间，不得穿过弱电设备房间。当必须穿越时，应采取结构夹层等措施确保电气设备的安全	广州市轨道交通相关总体技术要求
车站装修材料	应符合防水、防潮、隔声、减噪、易清洁的要求。 应便于施工与维修，满足环保及材料放射性指标要求。 凡外露的金属玻璃等的切割焊接部件，均须作倒角、磨光、抛光处理	
配电箱	公共区配电箱应暗装	
消火栓	公共区消火栓应暗装（地铁车站一般不设自动喷淋系统）	
公用部位人工照明	应采用高效节能的照明装置（光源、灯具及附件）和节能控制措施。当应急照明采用节能自熄开关时，必须采取消防时应急点亮的措施	

续表

<table>
<tr><th>类别</th><th colspan="2">技术要求</th><th>规范依据</th></tr>
<tr><td>安全防范系统</td><td colspan="2">安全防范系统主要用于车辆段/停车场内的人身财产安全和生产基地的防盗、防破坏监控管理，保障地铁正常进行。主要包括周界防范系统、视频监控系统及安防广播系统</td><td rowspan="10">广州市轨道交通相关总体技术要求</td></tr>
<tr><td rowspan="8">管井</td><td rowspan="4">电梯井</td><td>应独立设置</td></tr>
<tr><td>井内严禁敷设燃气管道，并不应数设与电梯无关的电缆、电线等</td></tr>
<tr><td>井壁除开设电梯门洞和通气孔洞外，不应开设其他洞口</td></tr>
<tr><td>电梯门不应采用栏门</td></tr>
<tr><td rowspan="4">竖向管道井</td><td>应分别独立设置</td></tr>
<tr><td>其井壁应为耐火极限不低于1.00h的不燃性构件</td></tr>
<tr><td>井壁上的检查门应采用乙级防火门</td></tr>
<tr><td>在每层楼板处采用不低于楼板耐火极限的不燃性材料或防火封堵材料封堵</td></tr>
<tr><td>变电所</td><td colspan="2">门窗要求防灰尘，小动物进入，并设置挡鼠板</td></tr>
</table>

27 动物园安全设计

27.1 选址与总体设计

选址事项	动物园选址应避开下列地区： 1. 洪涝、滑坡、溶岩发育的不良地质地区； 2. 地震断裂带以及地震时发生滑坡、山崩和地陷等地质灾害地段； 3. 有开采价值的矿藏区域； 4. 动物园内不宜有高压输配电架空线、大型市政管线和市政设施通过，无法避免时，应采取避让与安全保护措施
地形与水系	1. 充分收集、净化、利用地面雨水，满足园区地面雨水源头控制、排水、防洪、排涝要求和水土、建筑、景观、动物安全要求； 2. 合理利用园区地形设置园路、水体与动物笼舍，减少土石方、挡土墙、护坡、建筑基础工程量，防止水土流失。壕沟作为安全隔障设施应保证其视线通透，防止动物藏匿或影响意外状况下的人工施救

续表

植物配置	1. 应遵循兼顾安全防护与景观优美的要求； 2. 动物笼舍外侧与游人参观道之间的隔离带种植不应遮挡游人视线，并满足卫生防护隔离的要求； 3. 动物外舍和散养区的乔木应设置免受动物破坏的保护措施； 4. 动物笼舍内种植的乔木不应成为动物逃逸的支点
污水处理	1. 动物园对易发生疫情的动物展区、动物园的检疫场、隔离场和动物医院的污水应进行消毒处理； 2. 动物外舍及动物经常活动的室外场地排水应接入园区的污水管网
用电设施	1. 限制动物活动范围的脉冲电子围栏系统、动物医院手术室、动物繁殖场、动物育幼育雏室以及笼舍内因动物季节性要求设置的采暖、空调的用电设备应按一级负荷供电； 2. 0.4kV配电系统宜分区控制，配电箱不得设置在动物活动范围内，并宜设置在非游览地段； 3. 动物可能到达的地方或者可能被动物妨碍的位置，不应安装隔离和开关设备，以及作为紧急操作的设备
监控设施	1. 动物医院应设置视频安防监控系统，动物笼舍及活动区宜装设视频安防监控系统； 2. 动物笼舍饲养员入口等处，宜设置门禁系统

27.2 动物安全防护设计

隔障设计	1. 隔障尺度、强度、建造工艺、材质应满足防止动物逃逸和避免对动物造成伤害的要求； 2. 隔障应采用自然风格或隐形的形式，减少人工建造痕迹； 3. 尊重动物习性，控制游人观赏视线，避免俯视和环视动物； 4. 有效保护动物展区内植被和自然风貌； 5. 游人观赏和动物福利的要求； 6. 避免游人投打、投喂动物以及其他任何形式对动物造成伤害
防护措施	1. 安全防护设施的整体稳定性、主体结构及附属构件的强度、连接构件的强度等必须满足展示动物的跳跃、奔跑、攀爬、飞翔、推拉、拍打、撞击能力产生的最大荷载作用的要求，隔障结构必须能够耐受四倍以上动物体重力量的冲击破坏； 2. 动物展区的观赏面玻璃或其他透明材料应具备足够的结构稳固性； 3. 游人隔离带最小宽度不应小于成人与展示动物最长肢体之和的长度，最小隔离宽度不应小于 1.5m

续表

防护设计规定	1. 隔障设施尺度低于灵长动物、食肉动物最大跳跃能力的外舍应加盖顶网； 2. 跳跃能力较强的食草动物的围栏顶部应为向内呈45°弧形反扣护栏； 3. 采用玻璃作为隔离墙面时，应按动物种类确定其厚度，相邻的玻璃缝隙用专用黏合剂密封后，应安装压缝条； 4. 游人观赏护栏高度为0.8～0.9m，宜设置儿童使用的次扶手，高度为0.5～0.7m；示意性护栏高度不宜超过0.4m；临空高差大于1.0m处的防护护栏应符合现行国家标准《公园设计规范》GB 51192—2016的有关规定； 5. 笼舍内设置的脉冲电子围栏应符合现行国家标准《脉冲电子围栏及其安装和安全运行》GB/T 7946的规定，且脉冲电网不应作为唯一性的终极隔障设施； 6. 动物散养区出入口应设置两道自动控制闸门，两道闸门围合的空间不应小于15m×5.5m×4m（长×宽×高）的空间需求，闸门高度不小于散养区围护设施的高度； 7. 动物散养区出入口应安装监控设备，监控范围应无死角； 8. 动物内舍的电线、灯具、取暖降温、通风设施及玻璃均应进行防护设计，并预留检查与维修装置

27.3 安全防护设施配置

安全等级	防护要求	安全防护类型	主要适用对象
一级	不允许动物逾越、逃逸、伤害游人、动物饲养管理人员、社会人群	围网、网笼、栏杆、墙体、壕沟、水体、玻璃幕墙	大型食肉类、大型食草类、大型灵长类、走禽、毒蛇、鳄鱼类；游人、动物饲养管理人员及社会人群
二级	限定动物、游人活动区域及其他保证展示效果需要	围网、栏杆、电网、钢琴线	中型食肉类、中型食草类、中型灵长类、涉禽、爬行类；游人、动物饲养管理人员及社会人群；笼舍内设施、设备及植物
三级	限制动物、游人破坏设施设备及绿化	栏杆、电网	小型食肉类、小型食草类、小型灵长类、中小型鸟类；笼舍内设施、设备及植物

注：1. 水体安全防护有两种应用模式，即利用部分动物惧怕水的特点使动物远离水体和利用水对跳跃能力的限制，使动物无法逃逸。但在北方冬季由于水面结冰，不适合采用水体的隔障方式。
2. 硬质网为钢绞线轧花编织方格网，用于网笼侧壁竖向隔离，为有攀爬行为的动物创造活动机会。软网为不锈钢丝编织网，用于网笼顶部。
3. 钢琴线是采用钢丝绳竖向排列形成的新型隔障方式，可以应用于部分动物隔障。

参考书目

张道真. 深圳建筑防水构造图集. 北京：中国建筑工业出版社，2014

《屋面工程技术规范》GB 50345—2012

《倒置式屋面工程技术规程》JGJ 230—2010

《坡屋面工程技术规范》GB 50693—2011

《种植屋面工程技术规程》JGJ 355—2013

《建筑外墙防水工程技术规程》JGJ/T 235—2011

《建筑室内防水工程技术规程》CECS 196—2006

《住宅室内防水工程技术规程》JGJ 298—2013

《地下工程防水技术规范》GB 50108—2008

广东省标准《建筑防水工程技术规程》DBJ 15—19—2006

《深圳市建筑防水工程技术规范》SJG 19—2013

《广东省住宅工程质量通病防治技术措施二十条》

《体育建筑设计规范》JGJ 31—2003

《体育场地与设施（一）》08J 933—1

《体育场地与设施（二）》13J 933—2

《体育场馆公共安全通用要求》GB 22185—2008

建筑设计资料集第二版．中国建筑工业出版

社，1994年.

《剧场建筑设计规范》JGJ 57—2000：中国建筑工业出版社，2001年.

电影院星级评定标准：国家新闻出版广电总局2004年

《公园设计规范》GB 51192—2016

《商店建筑设计规范》JGJ 48—2014

《民用建筑设计通则》GB 50325—2005

《建筑设计防火规范》GB 50016—2014

《绿色商店建筑评价标准》GB/T 51100—2015

《无障碍设计规范》GB 50763—2012

《自动喷水灭火系统设计规范（2005年修订版）》GB 50084—2001（2005年修订版）

《全国民用建筑工程设计技术措施-规划、建筑、景观》

《建筑设计技术细则与措施》. 深圳市建筑设计研究总院. 中国建筑工业出版社. 2009

《自动扶梯和自动人行道的制造与安装安全规范》GB 16899—2011

《建筑机电工程抗震设计规》GB 50981—2014

重庆市《大型商业建筑设计防火规范》DBJ 50—054—2013

《公共场所集中空调通风系统卫生规范》WS394—2012

《建筑给水排水设计规范（2009局部修订）》GB 50015—2003（2009修订）

住房城乡建设部　国家安全监管总局关于进一步加强玻璃幕墙安全防护工作的通知 建标［2015］38号

《建筑结构荷载规范》DBJ 15—101—2014

地铁设计规范 GB 50157—2013

城市轨道交通技术规范 GB 50490—2009

建筑玻璃应用技术规程 JGJ 113—2015

民用建筑隔声设计规范 GB 50118—2010

广州市轨道交通相关总体技术要求

《动物园设计规范》CJJ 267—2017

《托儿所、幼儿园建筑设计规范》JGJ 39—2016

宿舍建筑设计规范 JGJ 36—2016

建筑幕墙工程技术规范 JGJ 102—2003

建筑地面工程防滑技术规程 JGJ/T 331

建筑内部装修设计防火规范 GB 50222—95 2001 修订版